DE LA MATIÈRE.

IMPRIMERIE DE J. TASTU,
rue de Vaugirard, n° 36.

DE LA MATIÈRE,

ARTICLE EXTRAIT DU TOME DIXIÈME

DU

DICTIONNAIRE CLASSIQUE

D'HISTOIRE NATURELLE,

PAR MESSIEURS

Audouin, Isid. Bourdon, Ad. Brongniart, De Candolle, d'Audebard de Férussac, Deshayes, E. Deslonchamps, Drapiez, Dumas, Edwards, A. Fée, Flourens, Geoffroy Saint-Hilaire, Isid. Geoffroy Saint-Hilaire, Guérin, Guillemin, A. De Jussieu, Kunth, G. Delafosse, Latreille, C. Prévost, A. Richard, et Bory de Saint-Vincent.

Ouvrage dirigé par ce dernier collaborateur, et dans lequel on a ajouté, pour le porter au niveau de la science, un grand nombre de mots qui n'avaient pu faire partie de la plupart des Dictionnaires antérieurs.

PARIS.

REY et GRAVIER, LIBRAIRES-ÉDITEURS,
Quai des Augustins, n° 55;
BAUDOUIN FRÈRES, LIBRAIRES-ÉDITEURS,
Rue de Vaugirard, n° 17.

MAI 1826.

IMPRIMERIE DE J. TASTU,
rue de Vaugirard, n° 36.

DE LA MATIÈRE,

ARTICLE EXTRAIT DU TOME DIXIÈME

DU

DICTIONNAIRE CLASSIQUE

D'HISTOIRE NATURELLE,

PAR MESSIEURS

Audouin, Isid. Bourdon, Ad. Brongniart, De Candolle, d'Audebard de Férussac, Deshayes, E. Deslonchamps, Drapiez, Dumas, Edwards, A. Fée, Flourens, Geoffroy Saint-Hilaire, Isid. Geoffroy Saint-Hilaire, Guérin, Guillemin, A. De Jussieu, Kunth, G. Delafosse, Latreille, C. Prévost, A. Richard, et Bory de Saint-Vincent.

Ouvrage dirigé par ce dernier collaborateur, et dans lequel on a ajouté, pour le porter au niveau de la science, un grand nombre de mots qui n'avaient pu faire partie de la plupart des Dictionnaires antérieurs.

PARIS.

REY et GRAVIER, LIBRAIRES-ÉDITEURS,
Quai des Augustins, n° 55;
BAUDOUIN FRÈRES, LIBRAIRES-ÉDITEURS,
Rue de Vaugirard, n° 17.

MAI 1826.

DE LA MATIÈRE,

PAR

M. BORY DE SAINT-VINCENT.

ON ne doit pas s'attendre à nous voir traiter de la Matière dans cet article, sous le point de vue métaphysique, ni comme on l'envisagea long-temps, dans un esprit de système qui n'est pas celui de la véritable philosophie; nous l'examinerons en naturaliste, c'est-à-dire que, laissant au physicien le soin de déterminer ses propriétés générales, nous nous attacherons à caractériser quelques-unes de ses diverses modifications qu'on peut considérer comme primitives dans le mécanisme de l'organisation, et comme des essais générateurs dans toute création. *V.* ce mot.

Pour les anciens, la Matière était inerte, la base moléculaire de toute chose, et comme une capacité modifiable par la forme; il était difficile de ne pas la concevoir éternelle; aussi nulle théogonie ne dit positivement qu'elle ait été tirée du néant à l'époque d'une création, que chacun raconte selon les traditions ou les idées qui régnaient de son temps.

La Genèse établit, ainsi qu'il a été dit (T. v, p. 40), « qu'au commencement la terre était informe et nue, et que l'esprit de Dieu était porté sur les eaux » : or, les eaux, or, la terre, nue et informe, étaient composées de Matières, et il est bien évident que le livre sacré n'entend exprimer, par ce qu'il rapporte de la création, que le réveil du Seigneur, « réveil qui, selon que nous l'avons déjà prouvé, introduisant au milieu de l'inertie d'une Matière préexistante un mouvement jusqu'alors inconnu, et imprimant des lois organisatrices à ce que l'absence de ces lois et du mouvement avait tenu dans un véritable état de mort, vint enfin féconder l'univers (1). »

Plus tard on adopta le système des

(1) Dans un premier Essai sur la Matière considérée sous les rapports de l'Histoire Naturelle, et dans notre article CRÉATION de ce Dictionnaire, nous avions dit : *Réveil qui introduisant de nouveaux élémens*, etc., et cette phrase fut amèrement censurée par le rédacteur d'une feuille décréditée qui voudrait contraindre tous les écrivains à se plier aux vieilleries qu'il est payé pour défendre. Le mot *élément*, comme nous l'avions employé, étant effectivement amphibologique, le folliculaire, encore qu'il eût tort dans les formes délatrices de sa remarque, avait complétement raison quant au fond. Or, comme nous recevons les bons avis de quelque part qu'ils nous viennent et quelles que soient les paroles acerbes qui les

quatre élémens , qui , depuis une trentaine d'années seulement, est si loin de nous. La Genèse n'avait parlé que de l'aride ou terre, des eaux et de la lumière, dont la séparation fut le premier effet de la volonté du Dieu vivant ; on y ajouta l'air. On supposait ces corps composés de molécules homogènes, diverses selon l'espèce, et dont le mélange dans certaines proportions suffisait pour constituer l'univers. On appela ces molécules des *Atomes*, afin de désigner leur petitesse qu'on imaginait être telle, qu'elles en demeuraient insécables.

L'existence des atomes est aujourd'hui au moins problématique ; il est encore hasardé de leur supposer , sans preuves, une forme quelconque ; la divisibilité de la Matière se peut concevoir à l'infini ; l'on connaît plus de quatre substances regardées comme primitives ou élémentaires : en un mot, toutes les idées qu'on avait de la Matière et celles qu'on prétend en donner d'après de vaines spéculations , sont maintenant, excepté son éternité et son inertie, regardées par les bons esprits comme douteuses. L'inertie complète qu'on lui supposait même, a , dans le siècle dernier , été révoquée en doute , du moins quant à certaines de ses modifications : en vain on l'a considérée comme éminemment brute ; plusieurs observations prouvent que si elle n'est pas toute agissante par sa nature même, il est de la Matière qui l'est essentiellement, et dont la présence peut déterminer la vie dans l'agglomération d'autres molécules , opérée selon certaines lois ; et de ce que la plupart de ces lois nous seront probablement toujours imparfaitement connues, il serait au

---

pourraient faire paraître injurieux, nous avons rectifié nôtre phrase de manière à ce que le sens n'impliquât plus contradiction avec le reste de nos vues, et nous saisissons cette occasion pour témoigner notre reconnaissance à l'anobli De G. ... dont l'observation critique sur l'un de nos ouvrages constate l'excellence du précepte contenu dans le 50e vers du IVe chant de l'Art poétique de Boileau.

moins téméraire d'avancer qu'une intelligence infinie ne les imposa pas, puisqu'elles sont manifestées par leurs résultats.

La Matière ne saurait penser, a-t-on dit. Il est probable, en effet, que des molécules de Matière quelconque, isolées , ne produiraient pas un résultat qui ne peut être que la conséquence d'un certain ordre d'organisation ; mais la pensée étant un effet nécessaire d'un certain ordre d'organisation, dès que cet ordre se trouve établi , la pensée en dérive nécessairement , et il n'est pas plus possible à des molécules de Matière, coordonnées de certaine façon , de ne pas produire la pensée, qu'il n'est donné à l'Airain de ne pas retentir quand il est frappé, qu'il n'est donné aux Etres que cette Matière sert à constituer d'après telle ou telle loi, de ne pas grandir, de ne pas respirer, de ne pas se reproduire, en un mot, de ne pas exercer les facultés qui résultent du mécanisme d'organisation qui leur est propre.

Ce n'est pas , avons-nous dit, sous le point de vue métaphysique que nous devons examiner la Matière. Le naturaliste , en ne s'occupant que de réalités démontrées , ne la considère qu'à partir du point où ses particules lui deviennent visibles , et le microscope lui prête un puissant secours pour indiquer les premières merveilles de sa tendance vers l'organisation. Cet instrument peut, à l'aide d'un grossissement de mille fois , nous rapprocher des limites de l'incertain et de la réalité, c'est-à-dire du point où les particules de la Matière , encore voisines d'un grand état de simplicité , commencent , en s'agglomérant , à produire les phénomènes de l'organisation.

On sent bien que parmi les principes des corps sur lesquels nous avons interrogé la Nature , à l'aide du microscope , ce n'est pas des fluides impondérables, de la lumière, des gaz , ni même de l'eau , que nous avons cherché à saisir la composition moléculaire ; mais ces fluides , les Gaz, l'Eau et la Lumière joueront un grand rôle dans les faits qui vont être exposés.

Nous devons déclarer, avant tout, qu'un grossissement au-dessus de mille fois expose à de graves erreurs. La portée des moyens de l'Homme, du moins de ceux que nous avons acquis une grande habitude d'employer, a des bornes, au-delà desquelles notre faiblesse court risque de s'égarer, parce que le fil d'Ariane nous échappe. Ce ne sont donc pas des atomes ou des particules qui constituent les fluides, et qu'on peut concevoir comme de nature éminemment subtile, que l'on doit chercher à découvrir au moyen de verres multiplicateurs, mais des rudimens d'existence qui, pour être à peine perceptibles quand on les distingue à l'aide d'une lentille d'un quart de ligne, n'en remplissent pas moins un rôle décisif dans le vaste ensemble de la Nature, et paraissent les rudimens de toute création, c'est-à-dire les matériaux que régissent, comme dans le but de produire, les lois promulguées par une intelligence suprême, dont il est toujours imprudent de s'occuper plus qu'elle ne permit qu'on le pût faire.

Dans cet invisible et nouvel univers, duquel Leuwenhoeck fut le Colomb, et que nous avons exploré sur les traces de ce grand homme, la Matière s'est toujours présentée à nous, après une multitude d'expériences, dans six états parfaitement distincts (1), états que nous sommes loin de donner comme exclusivement primordiaux ou élémentaires, au-delà desquels existent sans doute une multitude d'autres états qu'il ne nous est pas donné d'apercevoir, mais qui sont, pour nous, les causes déterminantes des formes et qui, constitués une fois, peuvent produire par leur combinaison les Êtres existans qu'il nous est donné d'analyser et de connaître le moins imparfaitement.

_____

(1) Nous n'en avions d'abord entrevu que cinq; mais de nouvelles expériences et de plus profondes réflexions nous en ont démontré un sixième.

Les six états primitifs de la Matière tendant à s'organiser et qui nous ont été jusqu'ici perceptibles, considérés seulement sous le rapport de leurs caractères visibles, sont :

1°. L'ÉTAT MUQUEUX, sans molécule apparente, étendu, continu, imparfaitement liquide, enduisant, enveloppant, et plus ou moins épaissi, transparent, dans lequel se manisfeste par le desséchement une confusion de molécules amorphes, dont la plus grande partie des limites n'est pas terminée, et qui paraît légèrement jaunâtre.

2°. L'ÉTAT VÉSICULAIRE, composé de molécules globuleuses, le plus léger en raison des gaz qui déterminent son apparition, conséquemment ascendant, extensible ou contractile par l'effet alternatif de la dilatation et de la raréfaction qui s'exerce dans l'intérieur de ses globules qui sont hyalins, et qui disparaissent par le desséchement en ne laissant nulle trace de leur existence sur le porte-objet.

3°. L'ÉTAT AGISSANT, composé de molécules sphériques, évidemment contractiles, mais non extensibles au-delà des limites qu'on leur reconnaît dès leur apparition, complétement diaphanes, peut-être bleuâtres, nageant et s'agitant individuellement, avec une grande vélocité, se déformant par le desséchement, de manière à présenter, quand elles se sèchent, le même aspect que l'état muqueux.

4°. L'ÉTAT VÉGÉTATIF, composé de molécules à peine perceptibles, subconfuses et comme diffluentes, pénétrantes, translucides, mais d'un beau vert plus ou moins intense et conservant leur couleur dans le desséchement où la forme s'altère, et s'étendant souvent en une teinte homogène dans laquelle on ne reconnaît plus la forme de chaque molécule.

5°. L'ÉTAT CRISTALLIN, dur, excitant, pesant, translucide, laminaire, anguleux, qui, par le desséchement, adopte une multitude de formes déterminables, mais jamais rien de globuleux.

6°. L'ÉTAT TERREUX, dur, inerte,

lourd, opaque, grossièrement arrondi ou obtusément anguleux, et ne changeant ni de forme, ni de couleur, soit que l'eau en tienne les parcelles en suspension, soit que par leur desséchement celles-ci se rapprochent en masses amorphes et irrégulières, ou vaguent dans l'atmosphère comme si elles y nageaient.

Que l'on place sous le microscope tout corps inorganisé ou organisé, dont on réduira les parties à la ténuité nécessaire pour y être observées; qu'on en opère la décomposition par des moyens artificiels, ou que, dans des vases contenant une quantité de liquide suffisant pour dissoudre ces particules, on facilite au contraire des moyens d'organisation nouvelle; on ne tardera point à retrouver l'une des six formes primitives qui viennent d'être indiquées; ou si quelqu'une d'entre elles se fait attendre, on finira nécessairement par l'y voir se développer. On doit toujours se souvenir que nous n'avons pas l'audace d'employer le mot PRIMITIF dans un sens absolu.

Pour observer ces six états de la Matière, on fera donc infuser des substances animales ou végétales, en suivant avec le microscope les phénomènes qui se développeront pendant que ces substances seront tenues en infusion; il suffit même de placer de l'eau dans des vases de verre exposés à la lumière et à l'air atmosphérique. Dans le liquide mis en expérience, on apercevra tous les jours de nouvelles productions, merveilles de plus en plus composées; mais le développement de celles-ci sera nécessairement précédé ou terminé par l'un ou par plusieurs des six états rudimentaires. On retrouvera ces états jusque dans les fluides émanés des corps vivans, ou qui en sont des produits indispensables.

Nous ne prétendons assigner ni l'ordre, ni les rapports dans lesquels les six états primitifs que nous avons reconnus peuvent et doivent se combiner pour produire des êtres organisés, végétaux et vivans; mais nous pourrons indiquer divers exemples de la formation de ces six états; formation qui a lieu sous les yeux de tout naturaliste patient qui sait provoquer, attendre ou saisir l'occasion de les observer.

Une partie des idées que nous venons d'émettre, fruit de recherches assidues, a été exposée dans un essai qui fut publié en 1823, mais dont il ne fut tiré que trente exemplaires, distribués à des savans, dans les lumières desquels nous sommes habitués à placer la plus haute confiance. Les observations que nous a values cette communication nous ont procuré les moyens de rectifier plus d'une erreur où nous étions tombé, en nous forçant à revoir notre travail sous toutes les faces; mais c'est à tort qu'on nous a généralement reproché de considérer comme *espèces*, de simples modifications; nous ferons remarquer qu'en spécifiant divers modes préparatoires d'organisation dans la Matière, nous ne les avons cependant jamais qualifiés de la sorte, mais simplement d'*états*, de *formes*, ou de *modifications primitives*, et nous continuerons à nous servir de telles expressions; en répétant que nous n'employons pas ici le mot PRIMITIF dans le sens absolu.

On nous a plus à propos fait remarquer combien le nom de *Matière vivante* que, d'après d'éloquentes autorités, nous avions cru pouvoir appliquer à l'une de nos modifications, était vicieux. Nous y avons conséquemment substitué celui de MATIÈRE AGISSANTE dont on concevra aisément la portée, sans qu'il soit nécessaire de s'étendre sur la signification du mot *agir*. En effet, qui pourrait concevoir une Matière vivante par elle-même? L'idée de Matière et l'idée de vie impliquant contradiction; la sagesse de notre langue ne permet pas d'unir ainsi, sur les traces d'écrivains habitués à confondre la témérité des expressions avec les hardiesses du style, des mots qui deviennent vides de sens dès qu'on les rapproche. Nous sentons d'ailleurs la nécessité d'en revenir presque tou-

jours aux axiomes du profond Lamarck, qui dit avec pleine raison
(Animaux sans vert. T. 1 ; p. 12) :
« Tout mouvement ou changement,
toute force agissante, et tout effet
quelconque observé dans les corps ,
tient nécessairement à des causes mé-
caniques, régies par des lois.... Il n'y
a dans la nature aucune Matière qui
ait en propre la faculté de vivre.... Il
n'y a dans la nature aucune Matière
qui ait en propre la faculté d'avoir ou
de se former des idées, d'exécuter des
opérations entre des idées, en un
mot, de penser. » Nous n'avons jamais prétendu proclamer d'absurdi-
tés. On peut s'être mépris au sens
de quelques-unes de nos phrases qui
n'avaient pu recevoir un développement suffisant pour être bien compri-
ses. Après ces explications qui nous
ont paru indispensables, nous pas-
serons à l'examen de chacune de nos
six modifications ou Formes primitives de la Matière.

§ I. MATIÈRE MUQUEUSE.

Partout où séjourne de l'eau exposée au contact de l'air et de la lumière,
sa limpidité ne tarde pas à s'altérer ,
et si l'on y fait suffisamment attention, on voit les parois du vase qui
la contient, ou les corps plongés dans
cette eau, quand on fait l'observation
dans un étang ou dans un marais ;
se revêtir bientôt d'un enduit muqueux ; cet enduit devient tellement
sensible sur les pierres polies des torrens et des fontaines, qu'il les rend très-
glissantes, et souvent dangereuses à
parcourir : il se présente fréquemment
à la surface des rochers humides, le
long des sources et des infiltrations.
On peut dans nos villes le discerner
au tact contre les dalles sur lesquelles
coule l'eau des fontaines publiques ,
ou qui contiennent cette eau. C'est là
notre Matière muqueuse, sans couleur d'abord apparente, sans consistance, tant qu'elle ne se modifie point
par l'admission de quelque autre principe ; elle ne se distingue guère que
comme le ferait un enduit d'Albu-
mine ou de Gomme délayée, étendu

sur les corps qui en sont recouverts ;
mais elle est sensiblement onctueuse
au toucher, et s'épaissit dans certaines circonstances favorables à son développement, et surtout par la chaleur, au point de devenir visible à
l'œil comme une véritable gelée. C'est
principalement à la surface de certains Animaux ou Végétaux aquatiques qu'elle semble se complaire.
L'enduit muqueux des Oscillaires,
des Batrachospermes, d'une quantité
d'Animaux marins, et de beaucoup
de Poissons même, n'est que notre
Matière muqueuse qui se trouve dans
les eaux salées comme dans les eaux
douces, et qui donne à celles de la
mer cette qualité presque gluante
dont l'existence n'échappe pas même
aux personnes les moins attentives.
Nous avons examiné soigneusement
cette Matière muqueuse recueillie sur
des Marsouins, sur des Eponges et sur
des Carpes ; le microscope nous la pré-
senta toujours identique, souvent pénétrée de molécules appartenant aux
cinq autres états, mais par elle-même
un peu jaunâtre ou incolore, insi-
pide, et même inodore, lorsque par
des lavages réitérés nous l'avions ren-
due à sa condition naturelle. La gelée, souvent fétide, dont se couvrent
dans nos mares les Ephydaties, et
dans la mer les Spongiaires et les Gor-
goniées, seule composition animale
que l'on puisse reconnaître dans ces
êtres Psychodiaires, n'est encore que
de la matière muqueuse, pénétrée de
notre troisième modification qui vient
y déterminer la vie. Soit qu'elle trans-
sude excrétoirement des êtres qui en
sont enduits, soit qu'elle ne fasse que
s'accumuler à leur surface, on peut
considérer la Matière muqueuse comme un milieu des plus simples, offert
par l'un des effets d'enchaînement si
fréquens dans la nature aux cinq autres
modifications primitives de la Matière,
afin que celles-ci puissent s'organiser
en s'y agglomérant ; et si l'on considère
qu'elle peut naître et résister dans
l'eau graduellement chauffée, ou sur
les corps immergés dans les sources
thermales, on est tenté de la regarder

comme une gélatine élémentaire et comme la base de la mucosité des membranes animales, ou de plusieurs des sécrétions de notre propre corps.

On sent bien que, par ce qui vient d'être dit, nous ne prétendons point donner le mucus animal comme identique avec notre Matière muqueuse ; mais celle-ci, modifiée par le mécanisme de l'animalité, et l'addition de principes échappant à nos sens, n'en pourrait-elle être la base comme elle l'est de l'animalité même? et le mucus ne serait-il pas l'état muqueux retournant, par l'effet des sécrétions, vers son état primitif? Selon l'analyse de Fourcroy et de Vauquelin (Ann. Mus. T. xii, p. 61), « c'est une humeur qui ressemble à une dissolution chargée de gomme qui s'épaissit à l'air, et s'y dessèche en lames ou filets transparens, sans élasticité, » etc. Berzélius y reconnaît avec une très-petite quantité d'autres principes qui sont les causes évidentes de son altération, 53 de matière muqueuse sur 933 d'eau. Ainsi, l'un des chimistes les plus instruits de notre époque retrouve la modification matérielle qui nous occupe à l'état de pureté dans l'une de ses principales transformations : son existence n'est-elle pas constatée par un si puissant témoignage ?

Mais un témoignage non moins respectable vient donner à nos idées sur la Matière muqueuse toute l'importance de la certitude la mieux établie, c'est ce que le savant Geoffroy Saint-Hilaire en dit dans le sixième paragraphe (p. 294 et suiv.) de son classique Traité des monstruosités humaines. Après avoir retrouvé le mucus abondamment distribué dans le tube intestinal, non-seulement de l'ébauche normale, mais encore dans celui de petits individus bizarrement développés sans bouche ; après avoir examiné quel rôle ce mucus y doit remplir, ce grand naturaliste ajoute : « Le mucus est un des principes immédiats des êtres organisés. Son principal caractère est

d'être le premier degré des corps organiques. Les Végétaux le donnent, de même que les Animaux, après une première révolution des fluides circulatoires. Il est plus abondant chez les plus jeunes, et par conséquent chez le fœtus ; et ce sera tout aussi bien en physiologie qu'en chimie qu'on ne tardera pas à le considérer comme le fond commun où puisent les membranes et généralement tous les tissus employés comme contenans. Il est dans le cas de toutes les Matières premières dont on forme nos étoffes. Les alimens deviennent lui, et lui les organes solides ; il est l'objet final de la digestion, la substance animalisable par excellence. On dit en physiologie que le fœtus étant beaucoup trop faible pour assimiler à sa propre substance des substances étrangères, reçoit de sa mère ses alimens tout préparés : c'est voir de trop haut les choses, et s'exposer à les voir confusément ; c'est d'ailleurs généraliser un fait qu'une seule espèce, qu'une seule considération aurait donné. Pour peu qu'on ait observé les Animaux dans les premiers momens de leur existence, on sait qu'il n'est point d'êtres, si frêles qu'on les suppose, qui ne produisent du mucus, ou plutôt l'abondance de ce produit augmente en raison directe de leur plus grande débilité ; et il n'est pas d'êtres non plus qui n'absorbent du mucus, qui ne s'en nourrissent et qui ne jouissent par conséquent des facultés assimilatrices. Voyez le frai des Batraciens ; c'est par la production du mucus que s'annonce en lui le mouvement vital, et le mucus formé devient aussitôt la source où le nouvel être va puiser sa nourriture. » Ce passage précieux ne nous était pas connu, lorsqu'à peu près vers l'époque où nous publiâmes nos premières idées sur la Matière, l'illustre professeur, dont nous venons d'emprunter les paroles, livrait ces paroles à l'impression ; nous n'eussions pas manqué de nous appuyer de l'autorité d'un savant, duquel nous sommes tout énorgueilli d'avoir partagé simultanément les idées. Non - seulement le fœtus vit dans la Matière muqueuse et de la Matière muqueuse ; mais n'en fut-il pas lui-même un simple composé aux premiers instans de la conception qui détermina son développement ? Qu'était-il au moment où deux sexes s'unirent pour en mélanger les rudimens, en imprimant à ceux-ci l'action nécessaire pour se constituer et croître ? Le fluide répandu dans cette circonstance par le mâle est-il autre chose que de la Matière muqueuse pénétrée de gaz, de Matière agissante et de Matière cristallisable ? Les Zoospermes (Animalcules spermatiques), qu'on a supposé remplir un rôle d'intromission nerveuse dans la génération, n'y font peut-être, par la multiplicité de leurs mouvemens agiles, que mêler deux ou trois de nos modifications primitives de la Matière afin de développer, au moyen de leur combinaison, la propriété fécondante.

Vaucher, savant et excellent observateur genevois, très-habitué à se servir du microscope, célèbre par un fort bon ouvrage sur les Conferves d'eau douce, Vaucher considérant la Matière muqueuse dans ses rapports avec l'organisation végétale, trouve dans les observations qu'il nous a adressées à ce sujet, que nous l'avions fort bien caractérisée, et parfaitement reconnue. Son témoignage est encore d'un grand poids : il a remarqué, ajoute-t-il, que la Matière muqueuse ne se développait cependant pas dans les eaux du lac de Genève, sur les pierres qui ne sont point ochreuses, ce qui tient sans doute à quelque cause locale qui mérite d'être étudiée. Il pense aussi qu'elle serait plus commune dans les marais, parce qu'elle y proviendrait de la décomposition des Animalcules. Nul doute que la décomposition des Animalcules ne rende beaucoup de Matière muqueuse dans son état naturel à la masse de l'eau marécageuse ; mais elle ne l'y crée pas davantage que du précipité rouge ne crée du mercure dans un canon de fusil,

quand on fait rougir ce canon après l'avoir rempli de précipité.

C'est précisément cette Matière muqueuse, considérée comme corps développé dans les eaux de nos fontaines et sources, ou bien épaissi à la surface des rochers humides, dont nous avons formé le genre Chaos, en proposant de placer ce genre en tête du règne végétal, et en attendant que le règne intermédiaire dont nous avons proposé l'établissement sous le nom de Psychodiaire, soit adopté (*V*. Dict. class. d'Hist. nat. T. VIII, au tableau adjoint à l'article HISTOIRE NATURELLE).

Le genre Chaos n'appartient proprement ni à la Plante ni à l'Animal ; il est un intermédiaire, une sorte de gangue propre à protéger le développement des autres combinaisons matérielles appelées à s'introduire dans son épaisseur et à l'augmenter. Aussi verrons-nous cette Matière primordiale, notre Chaos, devenir le *Byssus* ou *Lepra botryoides* des botanistes, lorsque, pénétré par les globules verts de la matière végétative, il passe à l'état de Plante, si l'on peut qualifier du nom de Plante les derniers êtres dont se composait la Cryptogamie de Linné ; le Chaos est encore le milieu dans lequel sont réunis les corpuscules épars, par lesquels se caractérisent les Palmelles et les Tremelles, ou les globules qui, se juxtaposant en figures de chapelets, forment les Nostocs, les Téléphores, les Collémas, les Batrachospermes, etc., etc.

Il arrive d'autres fois que ce sont des Navicules, des Bacillaires, des Lunulines ou des Styllaires qui pénètrent le Chaos. Celui-ci prend alors une teinte ochracée ou verdâtre, avec une consistance qui l'a fait regarder par Lyngbye, très-savant algologue, comme un Végétal voisin des Nostocs. Dans cet état, les êtres vivans qui s'y sont agglomérés en masse ont perdu leur mouvement individuel, et forment, par leur confusion pressée, une sorte d'Animal commun qui offre déjà la trace d'une organisation analogue à celle des Polypiers pulpeux que Lamarck appelle *Empatés*.

Si l'on considère qu'outre les êtres appelés *Infusoires* par les naturalistes (nos Microscopiques), ceux qui n'ont ni cirres, ni queue, ni organe rotatoire, en un mot qui, étant les plus simples, ressemblent à des amas de globules (nos Gymnodés), n'ont souvent aucune forme déterminée, on serait tenté de supposer que de tels Animaux ne sont que des gouttes de Matière muqueuse pénétrées par des globules de la seconde et de la troisième modification de la Matière, lesquels essaieraient dans l'épaisseur de ces gouttes l'exercice d'une vie commune qui, plus développée par l'addition de quelques organes rudimentaires, offrirait une grande analogie avec celle des Médusaires et de plusieurs sortes de Polypiers molasses. Ainsi, les Microscopiques, depuis leur état de plus grande simplicité jusqu'à ceux où des complications se sont opérées, de même que plusieurs Animaux plus avancés, tels particulièrement que les Biphores (*Salpa*), pourraient être considérés comme autant d'espèces de fœtus où les combinaisons organiques sont devenues propres à se reproduire, sans être parvenues néanmoins au point où toutes les conséquences de l'organisation rudimentaire se pouvaient étendre si le moindre principe d'un organe de plus s'y fût trouvé contenu. Cette dernière vue, présentée par un grand naturaliste de nos jours, mérite surtout qu'on s'y arrête; elle conduira l'observateur qui voudra se donner la peine d'étudier de bonne foi la marche de l'organisation dans ses essais mêmes, au lieu d'en rechercher les lois fondamentales, dans les êtres compliqués où la nature n'a plus rien à ajouter, vers la féconde idée de l'unité d'organisation; vérité comme instinctive, entrevue dès l'antiquité, mais mal démêlée par des philosophes ingénieux du dernier siècle, qui en discouraient par supposition, au lieu d'en chercher les preuves dans la nature même; vérité que plusieurs s'obstinent à méconnaître aujourd'hui, et qu'ils attaquent, en lui prêtant un ridicule énoncé qu'on ne trouverait nulle part dans les écrits de ceux qui en établissent la démonstration par l'exposé de faits irrécusables.

Lorsque, pour mettre d'accord la marche naturelle de la création et des croyances qu'il n'était permis d'examiner qu'avec une circonspection superstitieuse, des écrivains plus théologiens que naturalistes, descendaient de la Puissance créatrice à ce qu'ils qualifiaient d'êtres méprisables, et qu'ils prétendaient établir une chaîne non interrompue d'existences décroissantes sans cascades ni lacunes, un esprit judicieux pouvait combattre les suppositions gratuites par lesquelles on étayait de telles spéculations; et lorsqu'un certain Robinet, pénétré de conviction, les présentait dans toute sa crédulité, en donnant pour titre à son ouvrage: *Essai de la nature qui apprend à faire l'Homme*, il eût été permis de s'égayer sur la théorie de Robinet ou des autres défenseurs de *la Chaîne des êtres*. Ce qui était bon alors, ce qui pouvait l'être encore, il y a vingt-cinq ans, dans l'examen de telles questions, ne l'est plus maintenant; la plaisanterie sur de telles choses prouverait que l'écrivain, tenté de l'employer, aurait fait halte dans la science. Mais lequel des observateurs scrupuleux qui proclament aujourd'hui l'unité de composition dans l'organisation animale et même végétale, a jamais soutenu l'existence d'un enchaînement matériel qu'eût établi la Puissance par Excellence pour se rattacher aux dernières individualités de sa Création? Est-il deux idées plus disparates que celles de la merveilleuse harmonie de cette création résultante de lois tracées par la Justice Suprême, et des anneaux de fer assemblés par un vulgaire forgeron? Les naturalistes profondément investigateurs, qui croient à l'unité d'organisation, n'ont point *donné un nouvel habit* aux idées de quelques rêveurs pour en déguiser *les formes grossières;* consacrant la totalité de leur existence à la recherche de la vérité, ils ne se sont pas forgé de système sur des choses qu'ils n'avaient pas vues, et n'ont pas imaginé des chimères pour les combattre ; l'autorité ne les a point emprisonnés dans des vues étroites ; ils ne se sont point arrêtés à des différences partielles entre les êtres ; mais ils ont tenu compte de tous les caractères de ceux-ci, et s'ils n'ont pas trouvé que les classes naquissent les unes des autres, parce qu'il n'existe point, à proprement parler, de classes, ils ont positivement constaté « qu'en prenant les êtres les plus compliqués à l'état d'embryon, on y pouvait retrouver les parties des êtres inférieurs, parce que la composition devait se montrer la même chez tous, sauf plus ou moins de développement dans certaines parties. » Reconnaissant néanmoins des *hiatus* entre les divisions systématiques introduites par l'Homme, ils n'ont pas renoncé à chercher les points de rapprochement qui pouvaient combler les lacunes, ou du moins en diminuer l'espace, et ils ont souvent trouvé ces rapprochemens dans certaines de ces métamorphoses organiques, si fréquentes chez la nature, laquelle semble préférer ce mode de procéder à tout autre; métamorphoses commandées par des lois sans cesse les mêmes, auxquelles obéit le développement de tout ce qui existe, comme y obéissent toutes les destructions. Ces lois immuables, dont les effets ne se compliquent que graduellement, peuvent arrêter leur action après le développement de tel ou tel organe dans telle ou telle des productions qu'elles déterminent, tandis qu'elles peuvent commander un plus grand nombre d'organes dans telle ou telle autre. Cette manière de voir est confirmée par l'assentiment de l'illustre Cuvier, qui, voulant nous initier au jeu des organes, d'où résulte, selon lui, la vie, nous dit dans son excellente Histoire du Règne Animal (T. 1, p. 7): « Le procédé le plus fécond pour obtenir la connaissance des lois qui résultent de l'observation, consiste à comparer successivement les mêmes corps dans les différentes positions où la nature les place, ou à comparer entre eux les différens corps jusqu'à ce que l'on ait reconnu des rapports constans entre leur structure et les phénomènes qu'ils manifestent. *Ces corps divers sont des espèces d'expériences toutes préparées par la nature, qui ajoute ou retranche à chacun d'eux différentes parties, comme nous pourrions désirer le faire dans nos laboratoires, pour nous montrer elle-même les résultats de ces additions ou de ces retranchemens.* » Or, la nature qui ajoute ou qui retranche dans les divers êtres comme pour nous initier à sa manière de procéder ; astreinte conséquemment à l'unité de composition, n'élève-t-elle pas, par des additions d'organes et de modifications en modifications, un fœtus, de la condition d'Animalcule microscopique à la dignité humaine ? Sans la nécessité d'aucune soustraction fort importante, cette même nature ramène notre orgueilleuse espèce à la Chauve - Souris ou vers le dernier des Singes, et le tout dans le même plan, selon la marche progressive ou descendante que lui imposent les lois par lesquelles le Créateur la rendit féconde.

§ II. MATIÈRE VÉSICULAIRE.

A peu près vers le temps où la Matière muqueuse se manifeste dans l'eau exposée à la lumière, ainsi qu'au contact de l'air, et plus la température est élevée, ou le soleil brillant, on voit se former graduellement au fond et sur les parois des vases dans lesquels cette eau se trouve contenue, des globules, d'abord presque imperceptibles, mais qui, ne tardant pas à grossir, se détachent pour s'élever avec rapidité à la surface du liquide, où plusieurs persistent durant quelques instans, mais où beaucoup d'autres grossissant davantage sans obstacle, se rompent et disparaissent. Ces globules sont occasionés par

un commencement de dilatation propre à des molécules gazeuses qui, loin
d'être soumises à la cohésion, sont au
contraire, comme chacun sait, douées
d'une force répulsive qui tend à les
écarter les unes des autres, tant
qu'une compression suffisante ne les
rapproche point pour nous les rendre perceptibles sous la forme liquide. C'est ordinairement de l'air atmosphérique ou l'un des gaz qui entre
dans sa composition et tenu en solu-
tion dans l'eau, qui, se dégageant
de celle-ci, remplit les globules dont
il est question, lesquels sont limités
par une légère couche de Matière
muqueuse dont la résistance modère
la dilatation intérieure, surtout tant
que la pression du fluide environnant
seconde cette résistance et qu'une
trop grande augmentation de l'agent
vaporisateur n'en rend pas l'effort
irrésistible. Dans cet état de choses,
la molécule gazeuse, captive dans
le mucus, ne peut détacher de la
masse de celui-ci la couche qui la tient
renfermée, que la dilatation graduellement augmentée n'ait donné au globule dont elle est la première cause,
assez de légèreté pour que la force d'ascension qui en résulte l'emporte dans
la partie supérieure du liquide, toujours captive dans de la Matière muqueuse. La paroi de sa petite prison se
brise quand la dilatation, continuant
plus librement à la surface de l'eau,
n'est plus suffisamment maîtrisée par
la pression du milieu dans lequel on
la vit commencer. Mais si la couche de
Matière muqueuse s'est épaissie, si elle
domine au-dessus des vases, si les parois de ceux-ci s'en sont abondamment
garnies, les globules gazeux y demeurent enchâssés, et n'y peuvent plus
augmenter, la résistance du mucus
étant trop forte ; celui-ci devient alors
une pellicule bulleuse ou de véritables vésicules persistent, encore que
la plupart demeurent à peine visibles.
C'est par un tel mécanisme que se
forment ces masses ou couches glai-
reuses au tact et comme criblées de
bulles d'air qu'on voit surnager dans
les marécages, en tapisser la vase et

les bords, ou se mêler aux Plantes
aquatiques flottantes ; et dans l'ébullition, qu'on peut considérer comme
un moyen des plus actifs de dilatation dans les liquides où sont dissous
des gaz, c'est encore la Matière muqueuse qui, tendant à se durcir par
l'effet de la chaleur, résiste d'abord à
l'effort expansif des molécules vapori-
sées, et produit, comme en luttant
avec elles, ces milliers de bulles qui
viennent en crevant à la surface rendre les particules gazeuses à la liberté.

Cependant les particules gazeuzes
dilatées par l'effort d'un agent quelconque, environnées de la Matière muqueuse qui les renferme de manière à
ce qu'elles ne puissent plus s'en dégager, doivent, selon l'augmentation ou
l'amoindrissement de la cause expan-
sive, croître ou diminuer de volume,
et conséquemment agir au milieu de
la Matière muqueuse en lui imprimant un mouvement interne. L'effet de ce mouvement ne serait-il pas
cet *Orgasme* que le profond Lamarck
regarde comme une des premières
causes de l'organisation animale,
quand il dit (Anim. sans vert. T. 1,
p. 104 et suiv.) : « Un Orgasme vital
est essentiel à tout être vivant ; il fait
partie de l'état des choses que j'ai dit
devoir exister dans un corps, pour
qu'il puisse posséder la vie, et pour
que ses mouvemens vitaux se puissent
exécuter...... L'Orgasme dont il s'a-
git n'est dans les Végétaux qu'à son
plus grand degré de simplicité ; il y
est effectivement si faible, qu'un
coup de vent d'un air très-sec, ou
certain brouillard, ou une gelée, suffisent souvent pour le détruire. » En
effet, les divers météores causant
l'augmentation ou la diminution trop
considérable des vésicules gazeuses
qui déterminent l'Orgasme, peuvent
les faire crever ou disparaître, et de
ces deux effets, résultant de trop
de dilatation ou de raréfaction, provient un état de mort. Aussi les fluides élastiques que l'on peut concevoir, formés de particules tour à
tour dilatables et coërcibles, méritent
une sérieuse attention ; car ce sont

-eux qui produisent le phénomène le plus étonnant, celui de communiquer à la Matière muqueuse cette élasticité qui lui devient nécessaire, pour que les principes moléculaires de toute organisation qui s'y viennent surajouter, puissent y agir les uns sur les autres, en raison de la souplesse que lui donnent les globules élastiques dont elle se trouve pénétrée.

Tant que la Matière muqueuse, d'où résultent, au moyen de la dilatation d'un gaz, les corpuscules que nous appelons Matière vésiculeuse, est assez peu épaissie pour n'être pas fortement résistante, l'existence de cette Matière vésiculeuse demeure précaire ; ses corpuscules sont trop exposés aux petites explosions qui détruisent l'harmonie nécessaire dans une existence commune; il faut que le milieu qui les limite acquière une certaine solidité pour qu'ils y persistent ; mais dès qu'ils sont définitivement constitués, ils concourent puissamment au développement des corps dont leur présence prépare le complément. Ces corpuscules développés et suffisamment retenus dans la masse muqueuse dont se composent la plupart des Microscopiques, par exemple, y demeurent très-visibles par leur transparence souvent parfaite ; devenus parties nécessaires de ces petits Animaux et ne pouvant plus s'en échapper, ils ne s'y opposent à nul mouvement de contraction ou d'extension, puisqu'ils demeurent par leur nature même susceptibles d'augmentation, de diminution et même de changement de forme en agissant les uns sur les autres. Selon qu'ils se dilatent, ils rendent l'Animal plus léger. On dirait chez certains Microscopiques où l'on en distingue souvent de fort considérables, le modèle de la vessie natatoire des Poissons. Et quelle que soit leur quantité dans le petit corps de la plupart de tels Animalcules, ils ne s'y opposeront point à l'introduction d'organes compliqués qui les trouvant compressibles peuvent, au contraire, occuper une place aux dépens de leur volume réduit. Ces corpuscules, que

nous avons appelés *Hyalins*, n'en demeurent pas moins comme indépendans de l'être dans la composition duquel le verre grossissant nous les montre ; aussi les voit - on, par exemple, se mouvoir à l'intérieur d'un Volvoce, dans un sens différent de celui où s'agite la masse du petit Animal, et comme sans la participation de sa volonté. Les élémens primitifs de la vie ne sont donc pas encore dans le Volvoce complétement équilibrés ? C'est ce que Müller a fort bien remarqué et qu'il nota soigneusement en décrivant plusieurs de ses Animalcules, tels que l'*Enchelis nebulosa*, l'*Enchelis similis*, et le *Leucophra conflictor* qu'il caractérise par ces mots *interaneis mobilibus*.

Tant que les Animaux peu compliqués demeurent transparens, ces corps hyalins y sont manifestement visibles. On les distingue dans nos Stomoblépharés, où des cirres garnissent déjà un rudiment d'ouverture buccale ; ils se trouvent toujours dans les Rotifères, persistent dans les Crustodés déjà munis de test, et nous les avons reconnus jusque dans les Polypes, et même chez des Radiaires bien plus avancés dans l'échelle animale, tels que les Béroés et les Méduses même. Si les naturalistes qui se sont tant occupés de ces Méduses, et qui en ont donné des monographies où la multitude de noms génériques inutiles rebute la meilleure mémoire, eussent descendu dans l'organisation intime de ces Animaux, aidés du microscope, ils y eussent reconnu tout comme nous l'existence des corpuscules hyalins ; ils eussent admiré comment, dans les mouvemens de flexion, de contraction, ou d'allongement chez ces merveilleuses créatures, les globules, constituant notre Matière vésiculaire, se déplacent en glissant les uns sur les autres, s'aplatissent en se comprimant pour céder à l'effort qui les presse, et reprennent ensuite, comme par une sorte de réaction, leur forme première, afin de contribuer, soit qu'ils cèdent, soit qu'ils réagissent, au mouvement général. Ces corpuscules sont peut-être les raisons de tout mouvement avant qu'on puisse distinguer ou même concevoir l'introduction d'une fibre quelconque, d'un système nerveux, ou d'un appareil locomotif dans la frêle machine. On retrouvera certainement un élément si essentiel d'action dans le reste des Animaux en remontant des plus simples aux compliqués, et sa présence expliquera à quoi tient la souplesse sans laquelle nulle créature ne pourrait agir.

Les corpuscules hyalins, considérés comme les individualités de la Matière vésiculaire, ne sont pas seulement propres aux véritables Animaux ; nos Psychodiaires, êtres qui lient les Animaux aux Plantes et dont tour à tour ils possèdent les deux natures, en sont encore remplis. C'est eux qui se montrent dans nos Vorticellaires, dans nos Bacillariées et dans nos Arthrodiées en si grande quantité ; chez ces dernières, ils remplissent les tubes filamenteux de l'état végétant concurremment avec la Matière verte qui les colore. Ils y sont parfois dispersés sans ordre, mais en d'autres circonstances ils s'y disposent sous des formes élégantes. Dans les Salmacis, par exemple, ils constituent des séries qui se contournent en spirales, et l'on dirait le laiton dont se compose l'élastique d'une bretelle. Ces spirales, d'abord si comprimées qu'on n'en reconnaît pas la figure, se détendent à mesure que le filament s'allonge, ce qui vient peut-être de ce que les corpuscules hyalins grossissent à mesure que la Salmacis avance vers le terme de son existence, par la dilatation du gaz dont elle est remplie ; par ce mécanisme, des diaphragmes traversés par les séries contournées de corpuscules hyalins, et qui forment dans l'intérieur des tubes comme de petites cloisons déterminant ce que les botanistes ont appelé articles, s'éloignent de plus en plus les uns des autres. Il est évident, par le simple exposé de ce fait, combien mal à propos on donna pour caractère d'espèces l'étendue des articles ; étendue nécessairement subordonnée à la distension des spirales de corpuscules hyalins, résultant de l'âge. C'est encore plus mal à propos qu'en voyant les séries constituées par les corps hyalins se développer, ces corps grossir ou diminuer en vertu des changemens de température qui doivent agir jusque dans l'intérieur des tubes d'Arthrodiées, et s'échapper enfin désunis des tubes rompus pour se disperser sur le champ du microscope, en y obéissant aux courans ; c'est plus mal à propos, disons-nous, qu'on les a dit être doués de vie. En poussant plus avant l'observation, on eût vu ces globules s'évanouir dès que les gaz dont ils étaient remplis n'étaient plus suffisamment contenus, et comme les bulles qui, se formant dans tout liquide où se dissout du gaz acide carbonique, font mousser ce liquide. Dans cette faculté de mousser qui rend certains vins si célèbres, la Matière muqueuse doit nécessairement jouer encore un rôle malgré qu'elle y ait été méconnue jusqu'à ce jour ; aussi de tels vins deviennent-ils gluans à la longue, et des élémens d'organisation s'y trouvant contenus, les algologues y ont découvert des Plantes qui certainement n'y ont point été semées. *V. Hydrocrocis et Mycoderme.*

C'est par son évanescence que nous verrons surtout combien la Matière vésiculeuse, toujours disposée à rompre ses parois, diffère des deux modifications suivantes dont l'une se dessèche confusément sur place en y laissant une impression perceptible par des ébauches de contours, et dont l'autre laisse toujours après elle une teinte verte fort sensible.

Les tubes de ces Conferves, qu'il ne faut pas confondre avec les Arthrodiées, sont également remplis de corpuscules hyalins ; on voit ceux-ci persévérer dans les Ectospermes qui se lient, selon nous, à ces Characées, dans lesquelles nous sommes surpris qu'un savant, auquel on doit d'excellentes observations sur leur circulation interne, ne les ait pas mentionnés. Les Céramiaires en présentent encore de pareils à ceux dont il vient d'être question, mais, soit que les tissus se roidissant dans les Fucacées et les Ulvacées, les corpuscules hyalins se trouvent contraints à subir, dans l'épaisseur de tels Hydrophytes, une autre forme ; soit qu'ils y obéissent à d'autres lois, ils s'y dénaturent quand le Végétal, qui s'en était pénétré dans sa jeunesse où il était presque totalement muqueux, acquiert plus de consistance, et que diverses pressions s'exerçant en tous sens sur les globules, leur impriment les figures sous lesquelles nous les voyons persévérer à mesure que leurs parois ont acquis une solidité constitutrice pour se perpétuer dans le reste de cette végétation fixée, laquelle rend à l'atmosphère les torrens de gaz qu'avait absorbés la Matière vésiculaire en se formant originairement par le concours de la Matière muqueuse.

§ III. MATIÈRE AGISSANTE.

Quelque substance animale que l'on mette en infusion dans l'eau pure, on ne tarde pas à voir se former à la surface de cette eau une pellicule presque impalpable, qui, ne présentant d'abord aucune organisation, est encore de la Matière muqueuse ; en même temps le fluide deviendra légèrement trouble, surtout en dessus, et cette altération de teinte est due à la présence de notre troisième forme matérielle. Celle-ci est composée de globules d'une petitesse telle, que leur volume n'équivaut pas, après un grossissement de mille fois, à celui du trou que l'on ferait dans une feuille de papier avec l'aiguille la plus déliée. Chaque globule, parfaitement rond, s'agite, monte, descend, nage en tout sens et comme par un mouvement de bouillonnement. Ces globules, si petits que Müller, en figurant les Infusoires à l'aide des plus fortes lentilles, les a représentés par un simple pointillé,

sont le *Monas Termo* de ce grand naturaliste.

Entre le *Monas Termo* et les créatures que le savant Danois avait classées dans le même genre, il existe une distance incalculable, soit pour les dimensions, soit dans le développement des facultés vitales. Il est difficile de concevoir que chacun de ces petits corps dont on ne peut mieux comparer les mouvemens qu'à celui des bulles d'air qui se heurtent à la surface de l'eau fortement poussée au degré d'ébullition ; il est difficile de concevoir, disons-nous, que chacun de ces petits corps soit un être doué de volonté, et conséquemment d'une vie complète ; il lui manque sans doute des organes capables de régulariser le genre de perceptions dont il pourrait être susceptible. De-là cette agitation que rien de rationnel ne paraît déterminer, qui semble commune à la masse des globules roulant irrégulièrement en tout sens sur eux-mêmes, souvent avec une vélocité qui fatigue l'œil, mais cependant en manifestant des indices frappans d'animalité.

La quantité des globules agités devient d'autant plus considérable, que ces globules se développent sur les bords du vase, ou plutôt vers les limites de l'eau qui les tient en suspension. Soit que l'évaporation, soit qu'une attraction particulière à chaque petite sphère et proportionnée à sa masse, porte ces globules actifs vers un lieu plutôt que vers un autre, on dirait qu'un instinct irrésistible les conduit. Ainsi, dans une goutte d'eau remplie de notre Matière agissante, mise sur un porte-objet, on voit chacune des individualités de cette Matière fuir le centre et nager avec un empressement extraordinaire vers les bords d'un petit océan dont le dessèchement doit déterminer la cessation de toute vie : on dirait qu'ils disputent à qui mourra le plutôt. Cet instinct ou cette force est probablement ce qui détermine l'affluence des globules de Matière agissante, vers les pellicules ou vers les glomérules de

Matière muqueuse déjà développée ; c'est autour de cette Matière muqueuse qu'on les voit surtout se heurter, se pousser, combattre en quelque sorte, empressés, pour y pénétrer. Bientôt, par la pression continuelle que leur agitation produit les uns sur les autres, ces globules animés s'incorporent à la Matière muqueuse, et lui donnent une certaine consistance en perdant dans son épaisseur le mouvement individuel. Alors des pellicules, d'abord presque imperceptibles, deviennent sensiblement jaunâtres, s'épaississent au point d'offrir une certaine résistance, et, dans cet état, soumises au microscope, tout globule agissant semble y avoir disparu ; mais la confusion de ces globules ainsi confondus altérant la simplicité de l'état muqueux, on découvre comme une membrane à laquelle il ne paraît manquer, pour constituer un corps organisé complet, qu'un réseau nerveux dont la faiblesse humaine ne saisira jamais probablement l'introduction rudimentaire, encore qu'on la puisse concevoir en supposant l'opération qu'on a sous les yeux, déterminée dans les corps vivans par des circonstances qu'il ne nous est pas encore donné de provoquer.

Ce n'est qu'après avoir donné durant un temps quelconque, et probablement subordonné aux principes qu'elle renferme, de la Matière muqueuse et de la Matière agissante, et lorsque la Matière vésiculeuse étant produite par le concours des gaz, vient ajouter l'élasticité à la formation des membranes rudimentaires, qu'une infusion produit de véritables Animaux microscopiques. Jamais aucun être organisé ne précède ces trois existences primitives. On peut s'en convaincre surtout en examinant l'eau contenue dans les Huîtres. Si l'on remplit un verre avec cette eau, elle deviendra trouble, d'autant plus promptement que l'atmosphère sera plus chaude. Avant même que cette eau ait acquis l'odeur insupportable qui dénote la putréfaction, on verra la surface du vase couverte par la pellicule muqueuse, et le *Monas Termo* ou Matière agissante, s'y agiter en si énorme quantité, que son mouvement serait capable de fatiguer, à travers le microscope, l'œil qui l'examinerait trop long-temps. A ces globules simples et agissans, succéderont bientôt avec l'odeur de pourriture qui s'exhale de l'eau mise en expérience, et qui provient du dégagement des gaz dont quelques-uns ne demeurent pas emprisonnés dans la modification vésiculeuse ; à ces globules, disons-nous, succéderont des Animaux divers et compliqués déjà par trois termes multiplicateurs. En même temps que la Matière agissante globuleuse semble comme s'effacer en s'identifiant avec la muqueuse, elle en devient la molécule motrice, car elle y exerce son action sur les globules compressibles de Matière vésiculaire, d'où résulte la souplesse de la muqueuse ; celle-ci ne tarde pas à s'oblitérer ; c'est alors qu'elle se remplit de corpuscules appartenant à notre quatrième modification avec des globules opaques de Matière terreuse ; et lorsque l'évaporation produit le dessèchement de la croûte qui résulte du mélange successif de toutes ces choses, cette croûte, devenue friable, offre l'aspect et tous les caractères des substances minérales ; mais ni les principes des Matières ainsi concrétées, ni la faculté de repasser par les mêmes phases, ne sont perdus. Qu'on verse de l'eau sur le magma ou terre saline résultant de l'eau d'Huître mise en expérience et desséchée ; les mêmes phénomènes y auront successivement lieu de nouveau : la même pellicule muqueuse, les mêmes globules de Matière vésiculeuse et de Matière agissante, les mêmes espèces d'Animaux, les mêmes sels et la même terre y reparaîtront tour à tour autant de fois qu'on réitérera l'expérience, sans rien ajouter au liquide d'où puisse résulter de perturbation, c'est-à-dire tant qu'on organisera et qu'on désorganisera par la voie humide.

Non-seulement la Matière agissante se développe promptement dans l'eau d'Huître et dans celle où l'on met infuser des substances animales; mais plusieurs infusions végétales l'offrent en grande quantité avec les mêmes phénomènes, et ce fait explique aisément par l'analogie chimique les rapports qu'on a découverts entre certaines Plantes et les Animaux; mais si la Matière animale entre dans l'ensemble de plusieurs Végétaux comme élément constitutif, on sent qu'elle y devient un motif de plus pour proscrire l'établissement absolu des limites qu'on suppose exister entre les deux anciens règnes organiques.

Il arriverait donc que cette Matière agissante, où les particules individualisées jouissent d'une sorte de vie propre, perd cette vie de détail pour contribuer à une vie commune lorsque ces mêmes particules se coordonnent de telle ou telle façon avec la matière vésiculeuse; l'une et l'autre peuvent être contraintes à une existence purement végétative, encore que l'une des deux, essentiellement mobile dans l'état d'individualisation, semble cependant être appelée par sa nature même à ne produire que des êtres doués de volonté et de mouvement spontané.

On sent que ce ne sont ni les substances animales, ni les substances végétales mises en expérience, qui produisent les trois modifications de la Matière dont il vient d'être question; ces substances, au contraire, sont formées de ces modifications même qui s'y trouvent prédisposées comme les bases de l'organisation, avec d'autres principes qui, régissant celle-ci et la fixant, demeurent néanmoins inappréciables pour nos sens. Réunie dans un tout destiné à exercer une vie plus ou moins développée, chaque molécule agissante perd son degré de vie individuelle, qui tourne au profit de la vie collective. L'opération qu'on fait subir au corps organisé dont on veut observer les bases, ne fait conséquemment que rompre les liens qui unirent ceux des élémens qui tenaient les molécules de Matière vésiculeuse et de Matière agissante subordonnées les unes aux autres dans la Matière muqueuse, et les rend à leur liberté originelle. Ce n'est donc point dans la putréfaction que s'engendre la vie, et que s'opèrent des générations spontanées, comme l'avaient pensé les anciens, ou des philosophes qui, n'ayant jamais observé la nature, en raisonnaient sur des apparences trompeuses; cette putréfaction concourt seulement, dans les expériences, à relâcher les nœuds secrets qui tiennent assemblées les parties constitutives des corps; elle se borne à détruire les forces qui subordonnaient de premières modifications de la Matière; elle individualise enfin les molécules, base de toute existence, et de-là ce passage alternatif de la molécule agissante à l'état de torpeur où nous la trouvons dans la Matière muqueuse qu'elle a pénétrée, ou à l'état d'agilité qu'elle reprend par disjonction, selon qu'on renouvelle ou qu'on fait disparaître l'humidité autour des substances mises en expérience qui la contenaient asservie.

Comme des gaz tels que l'hydrogène et l'oxigène nous paraissent être les corps dont les particules, emprisonnées par une pellicule de Matière muqueuse, contribuent avec celle-ci à former notre second état primitif, il se pourrait que ce fût l'azote qui jouât dans le troisième état un rôle analogue. En admettant cette hypothèse, on se rendrait compte de la cause qui fait de l'azote comme le principe dominant dans les substances animales. Outre les corpuscules hyalins, individus de la Matière vésiculaire, les Microscopiques, où nous commençons à distinguer des molécules constitutives, empâtées dans la Matière muqueuse, les Microscopiques renferment d'autres corpuscules beaucoup plus petits, bien plus nombreux et déjà moins transparens, qui ne sont que des globules de Matière agissante agglomérés, ayant perdu leur vie individuelle par leur introduction dans la muqueuse qui les rassemble. Ces Monades enfermées y ajoutent probablement la faculté de percevoir par le tact, tandis que la Matière vésiculeuse donne à la masse devenue ternaire, les élémens de flexibilité nécessaires pour l'exercice des mouvemens compliqués auxquels se devra déterminer l'Animal quand il aura touché et senti.

§ IV. MATIÈRE VÉGÉTATIVE.

A la Matière muqueuse ne tarde point à succéder ou à se joindre encore, dans l'eau exposée à l'air et à la lumière, ce que nous appellerons la Matière végétative. Celle-ci se développe dans l'eau distillée, ainsi que dans celle des puits, des fontaines, des rivières ou de la pluie, et jusque dans l'eau salée de la mer. Elle se forme sur les parois des vases, dans la masse du liquide mise en expérience, sur les pierres et autres corps inondés, en y produisant une teinte, agréable à l'œil; teinte que Priestley remarqua le premier, qu'il appela MATIÈRE VERTE, et qui, méconnue depuis cet illustre physicien, a donné lieu à de grandes controverses en physique. Cette matière verte de Priestley est si facile à confondre avec une multitude de corpuscules microscopiques également colorés en vert, que beaucoup d'observateurs s'y sont mépris; nous-même qui l'avons dès long-temps reconnue et constamment observée, nous avons à tort regardé d'abord comme lui appartenant, de véritables corps organisés qui en sont à la vérité pénétrés, mais qui ne sont déjà plus cette Matière dans son état de plus grande simplicité. Trompé par les proportions appréciables et les formes diverses de plusieurs choses que nous supposions n'en être que des états divers, nous disions (Dict. de Levrault, T. XXIX) : « On serait tenté de croire qu'il en existe plusieurs espèces. » Une observation communiquée par Gaillon de Dieppe, micrographe et naturaliste scrupuleux, nous a éclairé, et comme nous n'avons jamais tenu à nos opinions dès qu'on nous a démontré qu'elles étaient mal fondées, nous saisirons l'occasion qui nous est offerte pour rectifier à cet égard nos propres idées, et pour témoigner notre reconnaissance au savant qui voulut bien nous signaler l'une de nos fautes.

C'est la Matière verte ou végétative qui, se développant dans la nature entière, partout où la lumière agit sur l'eau, pénètre les Marais de toute espèce, les bassins où l'on fait parquer les Huîtres, les fossés des grandes routes ou des fortifications, en colorant les pierres taillées et le bas des murs humides.

La lumière paraît cependant être moins nécessaire à son développement que d'autres principes auxquels il faut nécessairement attribuer la couleur verte persistant dans certaines Plantes, lors même que ces Plantes croissent soustraites au pouvoir bienfaisant des rayons du jour: En effet, si la privation de lumière produit en général l'étiolement et la pâleur dans les êtres organisés, on a cependant vu des Végétaux transportés dans les ténèbres de certaines galeries de mines, verdir dès que l'air ambiant contenait de l'hydrogène et de l'azote en suffisante quantité pour y déterminer la coloration. Dans les plus grandes profondeurs de la mer où la sonde pût atteindre, à deux cents pieds sous l'eau, d'où l'on est parvenu à déraciner quelques Hydrophytes, la plus belle teinte verte resplendissait sur ces Plantes qui avaient cependant végété dans une obscurité complète ou à peu près. Serait-ce que des rayons verts eussent seuls pénétré jusque dans les abîmes, ou que ce ne fût pas nécessairement par l'influence de tels rayons que du carbone et de l'hydrogène se pussent combiner pour décorer la végétation marine de sa plus aimable nuance? Quoi qu'il en soit, partout où nous avons vu la Matière verte ou végétative se développer, elle a paru d'abord comme une simple teinte, où le plus fort grossissement (d'un quart de ligne) ne nous permit de distinguer qu'un pointillé dont la figure du *Monas Termo* de Müller, donnerait encore une idée exacte, si la planche eût été tirée en vert tendre. Mais les molécules, que nous crûmes obovalaires, dont se composait ce pointillé, étaient inertes; tout corps voisin qui s'y trouvait plongé ne tardait pas à s'en pénétrer au point d'en prendre la teinte; car les Animaux microscopiques, comme nous le verrons tout à l'heure, les pouvaient absorber non moins que toute modification organique par laquelle la création s'élève de la Matière verte élémentaire à la végétation la plus arrêtée.

Partout où la matière muqueuse se développe, elle est bientôt suivie par la quatrième modification dont elle se sature pour former l'un des plus simples Végétaux; celui par lequel nous avons proposé de commencer le catalogue des Plantes sous le nom de *Chaos primordialis*, première complication végétale opérée par la Matière verte introduite dans la Matière muqueuse, simple nuance étendue sur les corps humides, essai de la nature qu'on a pris mal à propos pour des sédimens d'Ulvacées dissoutes, quand dés Ulvacées ne pouvaient exister avant que la Matière vésiculaire se fût introduite dans la réunion de la muqueuse et de la végétative pour en former des mailles. Du mélange des quatre modifications primitives qui viennent de nous occuper, ne tardent guère à résulter de ces corpuscules faciles à distinguer au grossissement d'une demi-ligne de foyer, que nous avions long-temps confondus à tort avec la Matière végétative, et qui, variant de forme et de nuance, fournissent les caractères des cinq ou six espèces jusqu'ici reconnues dans ce genre Chaos qui doit être inscrit en tête de la méthode naturelle. L'humidité venant à disparaître, quand la Matière muqueuse s'évanouit, la végétation persiste, et, comme une poussière de la plus belle couleur, ne cesse de teindre les corps sur lesquels on la vit se développer. Dans cet état de desséchement, les corpuscules spécifiques demeurant plus sensibles, les botanistes décrivent diverses espèces du genre Chaos, comme des *Bysses pulvérulens*, de la plupart desquels on vit les lichénographes faire leur genre *Lepra*, et que l'algologue Agardh, sans trop tenir compte de ce qu'observèrent ses prédécesseurs, nous paraît avoir appelé indifféremment *Protococcus* et *Palmella*, quand le premier de ces noms était inutile et que le second était consacré par le savant Lyngbye, dont il eût été convenable de noter au moins qu'on l'avait emprunté.

Nous avons dit tout à l'heure que des Microscopiques absorbaient la Matière végétative; peut-être s'en nourrissent-ils. Ils seraient alors, par l'effet des combinaisons les plus simples qu'on puisse imaginer, les premiers des Herbivores précédant ainsi tout Carnivore possible dans la nature; fait très-digne d'être consigné, puisqu'il est évident que, dans l'ordre de la création (*V.* ce mot), les Plantes durent, à la face de la terre, précéder les Animaux qui s'en nourrissent, et que les bêtes féroces ne pouvaient y apparaître qu'après celles qui leur servent de proie; ainsi les merveilles de la nature microscopique sont, en toutes choses, les essais de ce qui frappe les regards dans l'ensemble admirable des merveilles plus apparentes?

Peut-être même de la Matière verte se peut-elle aussi développer dans le corps humide des Microscopiques, pénétrables à la lumière, déjà gonflés de l'azote contenu par la molécule agissante et des gaz dont la distension détermine la Matière vésiculaire. Il arriverait alors dans la transparence de ces Animaux rudimentaires ce qui a lieu dans l'eau même, et de-là cette organisation qui résulte dans certains Enchélides, Cratérines, Raphanelles, Plagiotriques, Stentorines, Vorticellaires, Navicules, Lunulines, etc., de la confusion des molécules hyalines élastiques, propres à l'état vésiculaire et de molécules de Matière agissante répandues dans une teinte d'un vert plus ou moins foncé. Nos Zoocarpes surtout, propagules vivans, qui sont verts , offrent une composition de ce genre , où l'on reconnaît conséquemment déjà le concours des quatre premières modifications visibles de la Matière.

Les êtres microscopiques dont il vient d'être question, ces ébauches invisibles de l'animalité, ne sont pas les seuls Animaux qui se pénètrent de Matière colorante végétative ; de plus compliqués s'en teignent aussi, soit qu'ils l'absorbent, soit qu'elle se forme encore dans leur translucide masse. Ainsi nous avons produit sur ces Hydres que l'on appelle Polypes d'eau douce, ce qui arrive tous les jours aux Huîtres que l'on fait parquer. En élevant de ces Animaux dans des vases où la Matière verte s'était développée abondamment, ils sont devenus du plus beau vert, ce qui nous porte à soupçonner que l'*Hydra viridis* des helminthologues pourrait n'être pas une espèce, mais simplement une modification des espèces voisines que le hasard plaça dans des circonstances pareilles à celles où nous en avons mis nous-même pour les colorer.

La *Viridité* des Huîtres, pour nous servir de l'expression très-significative employée par Gaillon , n'a d'autre cause que l'absorption de la Matière verte par ces Conchifères. L'époque où cette viridité a lieu , est celle où l'eau , introduite dans les bassins, se trouve dans les conditions nécessaires pour que la Matière verte s'y développe en suffisante quantité. Tout ce qui existe alors dans les mêmes lieux s'en pénètre ; la vase , les Plantes, les Entomostracés et autres Animalcules , les Coquilles s'en trouvent colorés également. On a rapporté , ainsi qu'il a été dit plus haut , ce phénomène à la décomposition des Ulves ou autres Hydrophytes, et c'est précisément le contraire qui a lieu ; c'est au développement du principe primitif de ces mêmes Ulves qu'est dû ce que l'on croyait un effet de leur dépérissement et de leur dissolution.

Gaillon , qui le premier acquit par le microscope des idées justes sur un si important phénomène, fut cependant induit en erreur sur un point, ce qui ne prouve pas que cet excellent observateur ait mal vu ; mais seulement que dans les choses délicates , de la nature de celles qui nous occupent , il est impossible de voir complétement juste du premier regard. Il observa dans l'eau verdie des parcs, dans les Huîtres colorées , et dans les couches de Matière verte étendue sur le test de celles-ci, un Animal dont il a dit d'excellentes choses (Annales générales des Sciences physiques , T. VII , p. 93), et qu'il compara au *Vibrio tripunctatus* de Müller; il n'y vit guère de différence que dans la couleur ; la figure qu'il nous en adressa est parfaitement exacte. Cet Animal que Gaillon proposait de nommer *Vibrio ostrearius* , n'est cependant lui-même qu'un être coloré accidentellement comme l'Huître : fort transparent, il absorbe ou sert au développement des corpuscules de la Matière végétative ; et , dans cet état , pénétrant dans la Matière muqueuse des parties de l'Huître où sa forme aiguë et naviculaire lui donne la faculté de s'introduire , il ne colore que parce que lui-même fut coloré précédemment , et il est fort commun de trouver des Huîtres colorées sans la participation des Navicules de Gaillon, ainsi que l'étaient les Hydres colorées dans nos expériences, sans aucun indice de pareils Psychodiaires. Un magistrat de Marenne, qui paraît n'avoir pas la moindre teinture des sciences naturelles, mais qui croit pouvoir raisonner en maître sur les Huîtres , parce qu'il est du pays où l'on en trouve le plus , a durement attaqué les observations précieuses de Gaillon. Celui-ci , savant laborieux et modeste , au lieu de perdre son temps à répondre à de mauvaises plaisanteries, a continué ses recherches à la grande satisfaction des naturalistes qui veulent sincèrement s'instruire.

Nous avons dit que Priestley remarqua le premier la Matière végétative qu'il appela VERTE (T. IV, sect. 33, pag. 335). Ainsi que nous, il la trouva souvent confondue avec la muqueuse dont elle est indépendante et distincte, mais qu'elle pénètre communément. Il s'occupa beaucoup plus des propriétés de l'air qu'il supposait s'en dégager, que de sa nature; cependant il affirma avec raison qu'elle n'était ni un Animal, ni un Végétal; et, n'y découvrant aucune organisation au microscope, il la regarda comme une substance particulière, « *sui generis*, véritable sédiment muqueux et coloré de l'eau. »

Sénebier (Journal de physique, 1781, T. XXVII, pag. 209 et suiv.), s'étant proposé de réitérer les expériences de Priestley sur la Matière verte, la méconnut totalement : « Cette Matière, dit-il, est une Plante » aquatique du genre des Conferves » gélatineuses. » Il est facile de voir par tout ce qu'ajoute ce savant à cette première erreur, que, n'ayant pas tenu compte des teintes formées par les molécules de la véritable Matière verte, il a pris pour celle-ci la Trémelle d'Adanson (espèce du genre Oscillaire) qui ne tarde pas effectivement à se développer et à croître dans les vases où l'on met en expérience de l'eau pure exposée à la lumière et à l'air; ces vases offrant au développement de cette Arthrodiée les mêmes facilités que lui présentent les baquets où on laisse séjourner l'eau dans nos cours ou dans nos jardins.

Baker (*Employ. for the Microsc.*, *part.* II, p. 233 *; plat.* 10, fig. 1-6) avait déjà observé la même Oscillaire développée dans des vases de verre remplis d'eau, et l'avait considérée comme un être vivant ; et non comme une Conferve gélatineuse.

De Candolle (Flor. Fr. T. II, pag. 65) a été entraîné dans l'erreur par son illustre compatriote, au sujet de la Matière verte de Priestley; et de-là cette création du *Vaucheria infusionum,* Plante qui n'existerait pas dans la nature, si l'expérience ne nous avait appris qu'il était question sous ce nom de l'*Oscillaria Adansonii*; N., impar-

faitement observée, avec une lentille trop faible, pour qu'on y eût découvert les articulations caractéristiques. Cette Oscillaire, ou la prétendue Vaucherie des infusions, n'a nul rapport avec les êtres auxquels le savant Genevois ôta, sans motifs suffisans, l'excellent nom d'Ectosperme que leur avait donné Vaucher et que nous avons proposé de leur rendre. *V.* CONFERVÉES et ECTOSPERME.

Ingen-Housz (Journ. Phys., 1784, T. XXIV, pag. 356 et suiv.) avait, après Sénebier, examiné la Matière verte de Priestley ; mais en observant des faits très-intéressans dont il n'apprécia pas toute l'importance, et lorsque le hasard lui avait évidemment découvert avant nous ces Zoocarpes que nous avons fait connaître, il prononça que la Matière verte était composée de petits Animaux qu'il appelait improprement Insectes. Le Mémoire d'Ingen-Housz est trop curieux et trop riche de faits pour que nous puissions ne pas nous arrêter à son examen.

L'auteur s'était proposé principalement de publier ses observations sur l'air qui résulte de la Matière verte. « Priestley, dit-il, avait remarqué le premier que lorsqu'on expose au soleil de l'eau, surtout de l'eau de source, il s'y engendre, après quelques jours, une substance verte, gélatineuse au toucher, et que, quand cette Matière est produite, on trouve dans le vase une grande quantité d'air pur qui se développe au soleil. » Ce n'était point à des Plantes placées dans des bouteilles qu'on devait attribuer un phénomène qui continua quand on les en eut retirées, il était conséquemment dû à la Matière verte dont le fond était tapissé.

Priestley, ayant décrit la Matière verte comme un sédiment muqueux de l'eau, dans son quatrième volume sur les airs (imprimé en 1779), l'éleva au rang des Végétaux dans le cinquième (imprimé en 1781), sur le témoignage de son ami, Belvy, et il la classa parmi les Conferves, sans vouloir déterminer si c'était le *Conferva fontinalis*, ou quelque autre espèce. Forster l'avait prise pour le *Byssus botryoides* de Linné. Sénebier, dans un ouvrage également intéressant et curieux sur la lumière solaire (imprimé en 1782), a cru que ni Priestley ni Forster n'avaient connu la véritable nature de cet être. Le premier dit qu'en examinant de plus près cette Plante, il l'a reconnue pour être la *Conferva cespitosa filis rectis undique divergentibus* de Haller, n° 214. Si c'est la *Conferva fontinalis*, il faudrait qu'elle eût des fibres au moins de la longueur d'un demi-pouce; si c'est la Plante de Haller, il faudrait que les filamens fussent encore plus longs. Suivant le second, ces filamens paraissent déjà après deux jours, lorsqu'on expose l'eau commune à l'action immédiate du soleil. Il dit qu'on voit ces filamens s'élever graduellement et tapisser les parois sur tout le fond du verre. Cette Plante, poursuit Sénebier, devient fort serrée en bas, et parvient à une grandeur si considérable, qu'il l'a vue s'élever pendant deux mois à la hauteur de deux pouces et demi au-dessus du fond. Ingen-Housz ne veut pas nier l'exactitude des observations de Sénebier; mais il doute avec raison que la Plante de ce savant soit la véritable Matière verte que Priestley décrivit dans son quatrième volume. « En effet, dit-il, lorsqu'on compare une masse informe, muqueuse, sans aucune organisation apparente, ainsi que l'a décrite Priestley, avec une Plante qui, selon Sénebier, tapisse comme un tissu fort serré, tout le fond d'un vase, qui s'allonge jusqu'à deux pouces et demi en hauteur, et par conséquent qui est très-visible à plusieurs pas de distance, on ne saurait guère soupçonner l'identité. » Priestley a montré lui-même à Ingen-Housz cette Matière à Londres; une cloche pleine d'eau en était tapissée ; et cet observateur exact y eût certainement vu des fibres, si ces fibres y eussent existé. L'auteur a examiné journellement la Matière verte durant plus de trois ans, et l'a suivie dans tous ses états depuis son origine jusqu'à son dépérissement. Il croit pouvoir prononcer à cet égard, et en ayant fait faire des dessins exacts, gravés pour orner le second volume de ses Expériences sur les Végétaux, il se contente d'en donner une description abrégée. Pour éviter toute confusion, il commence par produire la Matière verte sous les yeux de ses lecteurs, comme le faisait Priestley, c'est-à-dire en mettant dans des vases bien transparens exposés au soleil, de l'eau de source, et en plaçant au fond de ces vases de petites lames de verre, afin de pouvoir ensuite examiner ces lames au microscope.

Lorsqu'après quelques jours on aura observé une bonne quantité de bulles d'air montant continuellement dans l'eau, c'est-à-dire notre Matière vésiculaire à son premier degré de formation gazeuse, on trouvera les parois du vase intérieurement parsemées de corpuscules ronds ou ovales, ou approchant de ces figures, et d'une couleur verdâtre (on voit qu'ici Ingen-Housz ne s'était pas d'abord rendu plus que nous compte de la forme propre à la Matière végétative). Le nombre des corpuscules augmentant chaque jour, ceux-ci deviennent au bout de quelques semaines une croûte dont la verdure est plus ou moins foncée, en raison du temps que l'eau a été exposée au soleil, et du nombre des corpuscules qui se sont accumulés dans cette eau. Ces corpuscules sont extrêmement petits et enveloppés dans une Matière muqueuse. On les reconnaît bientôt pour de véritables Insectes qui cessent de se mouvoir lorsqu'ils se trouvent embarrassés dans la couche glaireuse. On en voit nager tout autour : on y aperçoit aussi des corps angulaires plus volumineux que les Insectes (l'auteur désigne évidemment ici des Enchélides, des Raphanelles ainsi que des amas de nos Matières cristallisables et terreuses). Ces Insectes finissent par obstruer et remplir la couche muqueuse, qui par elle-même était sans couleur, de sorte que celle-ci ne paraît bientôt plus être qu'une masse glaireuse, verte, sans aucune apparence manifeste d'organisation ; elle ressemble alors parfaitement à ce que Priestley l'a trouvée : *une disposition glaireuse de l'eau devenue verte au soleil.* Plus tard l'incorporation des Insectes dans la masse muqueuse est complète ; mais si l'on en éparpille les lambeaux, on remarquera que ses bords déchirés sont tout hérissés de fibres transparentes, sans aucune couleur, et ressemblent à des tubes de verre. On observera aussi que ces fibres sont douées d'un mouvement sensible (il est clairement question ici d'une Oscillaire déjà introduite dans une masse formée de choses désormais différentes) : elles se plient en tout sens, s'approchent, s'entrelacent et se tortillent de nouveau. Ce mouvement, qui ressemble à celui de certains Animalcules aquatiques, qui ont la forme d'Anguilles, se fait par intervalles très-réguliers. L'abbé Fontana a montré, plusieurs années auparavant, à l'auteur, des fibres semblables, mais vertes, douées d'un pareil mouvement ; il les prit pour des Animaux-Plantes, et les crut des êtres intermédiaires entre ceux des Règnes Animal et Végétal. Il fallait trois, quatre ou cinq mois pour produire ces fibres.

Si l'on s'obstine à abandonner la croûte muqueuse à elle-même, la métamorphose va plus loin, la croûte muqueuse se couvre de bosses et d'aspérités. En dix ou douze mois ces bosses s'élèvent en pyramides d'un à deux pouces, qui, devenant perpendiculaires, sont d'un vert plus foncé vers leur partie supérieure qu'au milieu et au bas, et ressemblent à une gelée assez ferme pour se soutenir dans l'eau. Si la croûte muqueuse mérite réellement le nom de Plante, elle doit être classée parmi les Trémelles. Il faut pour obtenir ces résultats laisser la Matière verte dans le même vase sans la déranger. La Trémelle ne se forme pas pour peu qu'il y ait de mouvement.

« La Matière verte est généralement commune dans les bassins des jardins, et entremêlée au *Conferva rivularis* (probablement plutôt l'une de nos Vaucheries). On en voit aussi dans les cuves en bois qui servent aux arrosemens du jardin de botanique de Vienne, et plus tard cette Matière verte est remplacée par le *Conferva rivularis*, dont les filamens observés au microscope paraissent être des tubes transparens ayant des intersections plus ou moins distantes les unes des autres. Ces fibres tubulaires semblent devoir leur couleur aux petits corpuscules verts dont elles sont comme farcies, et qu'on serait tenté de prendre pour les restes des Insectes dont la Matière verte est composée, ou pour ces Insectes même qui y sont enfermés comme ils le seraient dans un tube de verre, c'est-à-dire sans être attachés au tube, dont on les voit sortir librement et assez souvent, lorsqu'on observe au microscope les extrémités des fibres coupées. On placera peut-être les Conferves parmi les Zoophytes, lorsqu'on sera convaincu que ces corpuscules verts, dont les fibres de la Conferve sont même farcies, sont des Insectes morts ou vivans. »

Ce dernier passage que nous avons cité textuellement est fort précieux ; il prouve que nous ne sommes pas les seuls, comme on a prétendu l'insinuer, qui ayons vu des tubes confervoïdes se rompre pour produire des Zoocarpes, œufs vivans de véritables et Plantes que l'un des meilleurs observateurs du siècle dernier avait vus comme nous.

« La Matière verte de Priestley, ajoute Ingen-Housz, toute composée d'Insectes véritables dans le premier temps de son existence, se change-t-elle d'elle-même, tantôt en Trémelle, et tantôt en Conferve ? Je me contenterai, dans cet abrégé, de la relation du fait tel qu'il est. J'invite, continue le même savant, en terminant son intéressant Mémoire, les physiciens à suivre en été les progrès de cette substance vraiment curieuse, et entièrement négligée avant Priestley, au moins dans l'état où il l'a observée. Mais si l'on désire abréger le temps, et obtenir bientôt une quantité considérable de la Matière verte de Priestley, on peut suivre la méthode simple de la produire qu'il a indiquée dans son cinquième volume; elle consiste à mettre dans l'eau exposée au soleil un morceau de viande, de poisson, de pomme-de-terre, ou quelque autre substance putrescible. On verra bientôt (quoique pas infailliblement) toute l'eau devenir verte. En examinant cette eau au foyer d'un bon microscope, on trouvera que sa couleur est due à un nombre infini de petits Insectes verts, très-manifestement vivans. Ces Insectes sont communément ronds et ovales. »

Il est évident, d'après cet extrait du travail d'Ingen-Housz, que ce physicien a d'abord connu et fort bien observé notre Matière végétative, qui est bien la Matière verte de Priestley; mais que l'ayant ensuite perdue de vue, il a pris, comme les savans dont il avait essayé de réfuter les erreurs, des organisations toutes différentes, et des êtres d'une autre nature, pour les conséquences de sa Matière verte. Les idées d'Ingen-Housz ont été reproduites sous d'autres formes par Agardh, et l'on peut reconnaître en partie les bases du Mémoire qu'a publié le professeur suédois, sous le titre de Métamorphoses des Algues, dans le Mémoire beaucoup meilleur auquel nous avons dû nous arrêter. Plusieurs idées de Girod-Chantrans ont aussi de l'analogie avec les métamorphoses prétendues d'Agardh; mais on ne peut supposer que Girod-Chantrans les eût puisées à la même source, car ce dernier observateur paraît n'avoir connu d'autre livre que le *Systema Naturæ* de Gmelin, et semble avoir ignoré qu'Ingen-Housz et Müller eussent existé.

Ingen-Housz a vu encore, comme Priestley et comme nous, la Matière végétative pénétrant une Matière mu-

queuse. Les Oscillaires n'ayant pas tardé à se développer dans les mêmes vases et autour des amas de Matière muqueuse pénétrée de Matière verte, il a soupçonné que ces substances s'étaient organisées en Végétaux; enfin sont venus les Microscopiques plus compliqués, ayant absorbé de la Matière verte, et il a cru que la Matière verte s'était métamorphosée en Animaux. Nous avons déjà indiqué la cause de telles erreurs qui ne prouvent rien contre la véracité de l'excellent observateur qui s'y est trouvé entraîné, puisque d'ailleurs il a parfaitement décrit une série de phénomènes qu'on reconnaît constamment dans les Infusoires.

Quant aux Animalcules verts, qui se développent dans les infusions remplies de Matière animale ou végétative, ou bien à ceux qui sortent des tubes des Conferves ou de prétendues Conferves, ni les uns ni les autres ne sont de la Matière végétative; nous devons, pour éviter tout malentendu, nous étendre un peu sur ce point.

Les tubes des Conferves, et surtout des êtres ambigus dont nous avons formé la famille des Arthrodiées dans le règne psychodiaire, sont généralement verts; vus au microscope, leur couleur paraît d'abord due à des glomérules de même teinte dont serait rempli le tube intérieur qui se reconnaît aisément dans la plupart d'entre eux. Ces glomérules sont probablement de la Matière végétative ou verte, ainsi que l'a pensé Ingen-Housz; mais il ne faut pas confondre, avec cette Matière, des corpuscules parfaitement globuleux, un peu plus gros que ces corpuscules ovoïdes, et que nous appellerons *Corpuscules hyalins*, pour indiquer leur parfaite translucidité; ceux-ci, mêlés à la Matière végétative intérieure, se groupent ou se disposent avec elle sous diverses figures, dont plusieurs peuvent fournir des caractères génériques et spécifiques excellens. Ce sont eux qui, par exemple, sont comme enfilés en spirale dans nos Salmacis de la tribu des Conjuguées. Ces corpuscules hyalins ne sont que les globules de gaz, constituant notre modification vésiculaire, pareils à ceux qui montent à la surface des eaux où l'on tient des Conferves ou des Arthrodiées en expérience. Les physiciens de la fin du dernier siècle attribuaient le développement de cet air, qu'ils appelaient Vital, à la présence de la Matière verte qui n'en produit cependant pas, mais qui, au contraire, semble en être un effet.

Ce qui nous a fait naître cette idée, c'est que lorsqu'on observe au microscope des Arthrodiées, des Conferves, ou toute autre Hydrophyte filamenteuse, tubuleuse et transparente, qui contient de la Matière verte et des corpuscules hyalins, si quelque filament vient à se rompre sous l'œil de l'observateur, les globules ovoïdes de Matière verte, qui doivent avoir un certain poids, se répandent au fond de l'eau comme le ferait un sédiment, tandis que les corpuscules hyalins s'élèvent à la surface de cette eau, comme le font partout ailleurs les bulles d'air. Le plus grand nombre de ces corpuscules hyalins ou bulles, ne tarde pas à diminuer et même à disparaître peu d'instans après avoir été mis en liberté ; la Matière verte, au contraire, persiste et présente les mêmes phénomènes dans son desséchement, que celle qui s'est formée en liberté sans avoir jamais été captive dans aucun tube.

Nos Zoocarpes, végétativement formés dans les articles des Arthrodiées, agglomération de Matière verte et de corpuscules hyalins, probablement aussi de Matière agissante développée dans l'intérieur de l'Arthrodiée où nos faibles moyens ne nous permettront pas de la distinguer ; nos Zoocarpes, tant qu'ils sont captifs et sans mouvement, se préparent à la vie comme le Papillon s'y prépare dans l'immobile chrysalide. Que manque-t-il donc à ces Zoocarpes dans la capsule articulaire qui les renferme pour agir et manifester une

vie complète ?.... Est-ce le contact immédiat de l'eau ou l'influence d'un agent vaporisateur ou condensateur propre, par des dilatations et des raréfactions alternatives, à lui imprimer le mouvement ?.... Il ne nous est pas permis de l'établir ; mais si les corpuscules hyalins sont, comme nous l'avons précédemment rapporté, dus à la modification vésiculaire de l'état gazeux, on s'explique comment les gaz peuvent entrer sous forme de globules dans la composition des corps organisés vivans. C'est à leur présence, sous cette forme globuleuse, que sera due l'élasticité des tissus ; et, indépendamment de leurs propriétés chimiques, ils auraient encore conséquemment, comme nous l'avons dit, l'usage de petites vessies compressibles, interposées dans la réunion de la Matière agissante, végétative et muqueuse, pour compléter l'organisation. Ici nous arrivons de rechef aux limites des connaissances que nos yeux nous purent révéler, et nous devons nous y arrêter dans la crainte de nous perdre hors du domaine des réalités.

Ceux qui voudraient connaître exactement la matière verte de Priestley, et qui craindraient de confondre celle qu'ils peuvent faire développer sous leurs yeux, avec les Oscillaires et les Conferves promptes à lui succéder ou à s'y confondre, la retrouveront souvent contre les vitres humides des serres chaudes : celles du Jardin des Plantes de Paris, particulièrement, en sont souvent colorées vers l'automne, surtout aux lieux où ces vitres passent l'une sur l'autre par leurs bords. Il faut noter dans cette circonstance qu'il arrive à la Matière verte une chose fort remarquable, prise encore pour une métamorphose par les Ovides de l'algologie, et qui eut lieu quelquefois sous nos yeux dans des carafes : pressées les unes contre les autres dans une légère couche de Matière muqueuse qui s'est également développée sur les parois des vases ou contre les vitres humides, les particules de la Matière végétative se déforment légèrement, et devenant polygones par l'effet de leur pression réciproque, finissent par composer une petite membrane mince qu'on peut préparer sur le papier comme une véritable Ulve. La Matière prend dans ce cas tellement l'aspect d'un Hydrophyte parfait, qu'au microscope même il devient impossible à l'observateur le plus exercé d'en saisir les différences.

Il est peu de personnes qui n'aient remarqué dans certains fossés du pourtour d'une ferme, dans plusieurs ornières des boues d'un faubourg, dans des coins de fosses à fumier, enfin dans l'eau stagnante et superficielle des lieux voisins des habitations mal tenues du campagnard, de l'eau d'un vert sombre, souvent très-foncée en couleur, qui s'épaissit quelquefois au point de perdre toute fluidité, et d'acquérir la propriété de teindre les doigts, le papier ou le linge qu'on y plonge, ainsi que le ferait une dissolution de Vert de vessie. Dans cet état l'eau a contracté une légère odeur de poisson qui rappelle celle des parcs où l'on met verdir les Huîtres. Ce n'est point la matière verte dans son état primitif et naturel qui produit un tel phénomène. Si l'on soumet au microscope une goutte de cette eau colorée, on la trouve remplie par des Animalcules que nous appelons *Raphanella urbica* (un *Furcocerca* de Lamarck, et un *Cercaria* de Müller, *Inf.*, p. 126, t. 19, f. 6, 13; Encycl. Vers., pl. 9, f. 6, 13). Ils nagent avec rapidité; leur figure très-variable est dans l'état normal celle d'une poire allongée, et leur taille est déjà des milliers de fois plus considérable que celle des molécules de toutes les modifications primitives de la Matière dont il a été question dans cet article. Ce sont de pareils Animaux qui, absorbant ou produisant dans leur épaisseur de la Matière végétative, en se formant des Matières muqueuse, vésiculaire et agissante, se retrouvent souvent dans les infusions artificielles; ce sont eux qui, s'étant

développés dans les expériences d'Ingen-Housz, ont porté ce physicien à regarder sa Matière verte comme formée d'êtres vivans qu'il appelait improprement des Insectes.

On doit remarquer que les Animalcules verts sont déjà d'un ordre fort avancé, relativement à ceux qui sont entièrement incolores et translucides. Il n'entre dans ces derniers que de la Matière muqueuse, pénétrée de Matière agissante et de corpuscules hyalins ou gazeux, appartenant à la Matière vésiculaire; la Matière végétative, soit qu'elle se développe ensuite intérieurement en vertu du mécanisme de la décomposition de l'eau par la lumière, soit qu'elle ait été absorbée pour la substantation de l'Animal, apportant une molécule élémentaire de plus dans l'organisation de celui-ci, doit augmenter les combinaisons instinctives qui en peuvent être les conséquences. L'influence de l'introduction de la Matière végétative est telle dans certains Microscopiques, qu'elle suffit pour changer leur condition en embarrassant les ressorts d'où résultait leur vie animale rudimentaire, au point de les réduire à l'état purement végétatif. C'est ce qu'aperçut fort bien Goeze, et qu'annota Müller en décrivant le *Monas pulvisculus* (*Inf.*, p. 7, t. 1, f. 5, 6; Encycl. Vers., pl. 1, fig. 9, a, c). Cet Animal est un infiniment petit, hyalin, sphérique et verdâtre par les bords, qui se développe avec la Matière végétative dont il s'imprègne dans les vases où celle-ci se manifeste en abondance; il nage d'abord avec rapidité en se donnant un mouvement d'oscillation et tant qu'il n'est point saturé de vert; dès que cette couleur épaissie domine en lui, il devient lent dans ses allures, se juxtapose en se déformant à d'autres individus de son espèce, comme lui devenus verts et auxquels il finit par s'unir intimement pour former sur les corps inondés ou sur les parois du verre, des plaques qui, venant à se détacher, flottent enfin à la surface du liquide en pellicules inertes. Ces pellicules, soumises au microscope, ne présentent plus que l'aspect d'une petite Ulvacée où tout mouvement a cessé, et qui peut se préparer sur le papier d'où elle ne saurait plus se décoller. Une réunion analogue à celle de la Matière végétative en Ulvea donc lieu également pour la Matière agissante. Ce fait nous paraît d'une grande importance, et nous ne concevons pas comment les inventeurs ou défenseurs du système des métamorphoses ne l'ont pas invoqué au secours de leur opinion, qui après tout pouvait bien n'être établie que sur un simple abus de mots et avoir du réel.

Nous avons de fortes raisons pour croire que tout Animalcule qui se colore en vert a des rapports plus ou moins directs avec quelque état végétatif et doit devenir confervoïde, ulvoïde ou trémelliforme; mais dès que le Microscopique se colore en jaunâtre, son état animalisé est définitivement arrêté; un tel être n'aura désormais plus rien de commun avec la Plante, et bientôt la teinte ferrugineuse devenant plus foncée, l'organisation se développera davantage; pour peu que cette teinte passe au rougeâtre par quelque cause qui nous demeure inconnue, le sang ou du moins un fluide analogue y apparaît avec ses globules. Ici cesse l'état rudimentaire : l'Animal s'étant complété *selon son espèce*, comme il est dit dans un livre sacré, il faut lui reconnaître plusieurs sens, et nécessairement un jugement pour régulariser les opérations de ceux-ci.

§ V. Matière cristallisable.

Il ne sera point ici question des Cristaux dans le sens qu'on attache communément à ce mot, ni des lois en vertu desquelles les molécules de ces Cristaux se disposent selon telles ou telles lois pour devenir visibles sous des formes déterminées; nous n'examinerons pas si, pour concevoir le mode d'existence qui résulte de certaines dispositions moléculaires, il ne faudrait pas d'abord remonter au système des Atomes, corps insécables, en tout semblables, dans leur peti-

tesse infinie, aux figures imposées à chaque espèce de cristallisation. Ce n'est pas, avons-nous dit, la nature de la Matière que nous avons promis d'examiner, mais seulement les dispositions primitives qu'elle affecte dès que certaines circonstances viennent déterminer l'organisation en vertu des règles invariables auxquelles toute organisation doit obéir.

En continuant, sur des infusions quelconques, les expériences qui nous ont donné successivement la Matière muqueuse, la Matière vésiculeuse, la Matière agissante et la Matière végétative, on ne tardera pas à remarquer, vers l'époque où l'évaporation rapproche les substances tenues en suspension dans l'eau, des particules éminemment translucides, consistantes, immobiles et aplaties en lames que terminent au pourtour divers angles ; dès que la forme de ces particules devient perceptible, elles prennent une apparence laminaire et se recherchent, non par un mouvement d'ascension comme dans la Matière vésiculeuse, non par un mouvement volontaire, comme dans la Matière agissante, mais par une sorte d'attraction qu'on peut comparer à ce que nous voyons s'opérer entre ces gouttes contiguës de certains fluides qui semblent se jeter l'une sur l'autre, pour n'en former plus qu'une. A mesure que les infusions ont vieilli, les particules qui nous occupent deviennent plus nombreuses, et lorsqu'on abandonne enfin ces infusions au repos, elles se juxtaposent selon des élections particulières, pour former une multitude de petits Cristaux de plus en plus distincts, lesquels, pour échapper à la vue, n'en ont pas moins des formes constantes, et que divers observateurs se sont appliqués à faire connaître par de bonnes figures. Baker et Gleichen surtout ont fait graver une multitude de tels corps trouvés dans toutes sortes d'infusions, et nous n'exagérons point en assurant qu'il nous est passé sous les yeux des centaines de formes analogues qui échappèrent à ces auteurs, ou qu'ils n'ont pas jugé être assez saillantes pour mériter les honneurs de la publication.

Dans ces formes si variées, il en est sans doute de primitives, et qui sont spécifiquement propres à certains modes de cristallisation ; c'est encore probablement du mélange de celles-ci, dans diverses proportions, que résulte la multitude de ces autres figures presque innombrables, dont une histoire complète pourrait fournir le fond d'un ouvrage très-curieux.

Nous n'avons pas saisi la combinaison directe de la Matière cristallisable avec la Matière agissante ou avec la végétative ; mais cette Matière cristallisable s'étant développée, non-seulement dans toutes les infusions animales ou végétales, mais encore dans l'eau pure, mise par nous en expérience pour en obtenir de la Matière végétative ou de la Matière agissante, nous avons dû conclure que les élémens en étaient partout aussi bien que ceux des précédentes modifications primitives. Cependant la combinaison de la Matière muqueuse et de la Matière cristallisable est fréquente, et se manifeste à chaque instant ; elle devient intime, et de ce mélange résulte une multitude de formes solides, d'autant plus compliquées qu'un nombre plus considérable de molécules cristallisables s'est confondu dans l'épaisseur de la Matière muqueuse. Ce fait est rendu très-sensible par le desséchement. La Matière muqueuse paraissant douée de la propriété d'étendre l'autre, d'en défigurer les molécules, et de les combiner même au point de paraître en arrondir les angles, il en résulte cette multitude d'arborisations, de dispositions extraordinaires et de figures dendritiques qui se dessinent sur le porte-objet du microscope, où on laisse se dessécher de la matière muqueuse pénétrée par la Matière cristallisable. Nous avons vu que la Matière agissante et la Matière végétative pénétrant les premières avec la vé-

siculaire dans la Matière muqueuse, l'épaississent en la colorant, et lui impriment déjà des rudimens d'organisation et de souplesse ; quand la Matière cristallisable s'y mêle ensuite, l'organisation se complique davantage ; on peut en juger par les figures qu'a données Gleichen de divers spermes desséchés. Dans le sperme où la Matière muqueuse est remplie d'Animalcules encore très-simples, et dans lequel se manifeste aussi beaucoup de Matière agissante dès le premier degré de décomposition, de l'Urée, des Phosphates, ou autres substances cristallisables se groupent fréquemment sous les figures les plus bizarres ; et comme tout corps muqueux compliqué d'autres substances élémentaires, produit de semblables figures et des arrangemens de parcelles qui rappellent souvent la disposition des flocons arborisés que l'on voit en hiver contre les vitres, on serait tenté de croire que la Matière muqueuse, si évidemment tenue en suspension dans l'eau, contribue aux dispositions élégamment variées qu'affectent les congélations sur des surfaces planes ou dans la formation de la neige. De l'influence de cette Matière muqueuse sur la cristallisation de l'eau, résulte peut-être, dans presque toutes les circonstances, l'irrégularité de cette cristallisation, dont on n'a pas encore déterminé les formes d'une manière parfaitement satisfaisante.

Nous recommandons aux minéralogistes et aux chimistes l'examen microscopique des formes cristallisables de la Matière, et des singulières figures qui résultent du mélange de cette Matière avec la muqueuse, animalisée par l'introduction de la Matière agissante, végétalisée par la présence de la Matière verte, et devenant enfin si compliquée lorsque les quatre états vésiculaire, agissant, végétatif et cristallisable, s'y trouvent réunis ; ce dernier y entre peut-être alors comme excitant, c'est-à-dire qu'à l'aide de petites aspérités occasionées par les angles pointus de ses molécules, il causerait incessamment une irritation dans les agglomérations de Matière muqueuse, vésiculeuse et agissante, pour provoquer les efforts de cette dernière sur les deux autres, afin de déterminer des mouvemens collectifs dans toute masse tendant à l'organisation animale.

§ VI. Matière terreuse.

Ce nom pourra paraître impropre, et rappeler celui de l'un des quatre prétendus élémens qu'adopta l'ancienne philosophie; mais nous n'en pouvions guère employer d'autres pour désigner des corpuscules inertes, opaques, sans organisation apparente, et qui, dans les observations microscopiques, finissent par remplir toutes les substances mises en infusion, pour peu que les expériences se prolongent.

Dans ces molécules irrégulières se cachent sans doute beaucoup de principes élémentaires; mais l'opacité ne permet pas de les y distinguer: on dirait une impalpable poussière s'introduisant dans tous les interstices laissées par les formes précédentes; et c'est peut-être elle qui, réduite au dernier état de ténuité qu'il nous soit permis d'apprécier, donne à la Matière muqueuse, encore pure en apparence, la teinte ferrugineuse qui s'y développe sensiblement par la dessiccation. Cette teinte ferrugineuse, résultant des corpuscules opaques, les plus petits qu'on puisse concevoir, s'observe particulièrement sur un grand nombre d'Animalcules, et entre autres chez nos Bacillariées, dont la substance et la couleur ont tant d'analogie avec certaines parties des Polypiers flexibles, qu'on serait tenté de les croire l'état rudimentaire de ces Psychodiaires. Ces corpuscules sont-ils absorbés par l'Animalcule microscopique, ou se développent-ils en lui? Nous sommes à cet égard dans la même ignorance que sur la cause de l'introduction de la Matière végétative dans les Animalcules colorés en vert. Cependant on pourrait supposer qu'ils sont l'état rudimentaire de toute par-

tie solide dans les Animaux, et qu'ils furent employés par la puissance organisatrice comme une sorte d'essai de l'action en grand de la Matière terreuse dans les hautes créations où cette Matière forme la charpente solide. La matière vésiculaire, en s'introduisant dans la muqueuse, lui donna donc des moyens de souplesse, la Matière agissante la capacité nécessaire pour devenir sensible, la végétative une couleur, la cristallisable des stimulans; la Matière terreuse déterminant enfin la consistance y devint propre à fournir les matériaux du test des Crustacés, ou du squelette des autres Animaux, et, toujours selon l'expression même des livres sacrés, « Dieu vit que cela était bon, et il fut ainsi. »

La forme de Matière qui nous occupe, opaque, et peut-être essentiellement calcaire, se développant dans toutes les infusions; c'est elle qui finit par donner une consistance véritablement terreuse, dans l'acception vulgaire du mot, aux couches qui se forment au fond des vases où, pendant très long-temps, on a tenu des liquides en expérience. Quand les modifications précédentes de la Matière se sont successivement développées dans ces liquides, la terreuse constitue, par la confusion de ses molécules, un magma onctueux, noirâtre ou grisâtre, pénétré de bulles d'air appartenant à la forme vésiculaire, véritable Limon dont nous concevons difficilement l'étonnant volume, quoique sa formation eût lieu mille fois sous nos yeux, dans des vases disposés de façon à ce que l'air et la lumière seuls y pénétrassent, sans que la poussière atmosphérique s'y pût introduire. Ce Limon devient un sol sur lequel ne tardent pas à croître des Végétaux aquatiques, et sa présence se manifeste abondamment au fond des mares et des eaux stagnantes; les bulles gazeuses qui s'y développent en y demeurant incorporées, rendent quelquefois ses masses si légères, que celles-ci viennent flotter à la surface des eaux ; les Oscillaires alors s'y fixent en rayonnant tout autour, et de-là vient qu'au centre des rosettes nageantes, composées par ces Arthrodiées, est un noyau limoneux et gras au toucher, amas de Matière terreuse confondue avec les modifications précédentes dans la Matière muqueuse primordiale.

En se desséchant le Limon onctueux devient friable et brunâtre; des glomérules opaques, amorphes, en composent la masse légère; cette masse n'est déjà plus la matière terreuse telle que le microscope nous l'offrait sans mélange dans l'état d'individualité de ses molécules, c'est-à-dire pénétrant, en particules colorantes infiniment petites, dans le résultat des infusions où ces molécules semblent ne se développer qu'après les autres, comme pour les teindre et les durcir. Telle est cependant la ténuité du résultat terreux et privé de toute humidité qu'on obtient des infusions où les six modifications primitives de la Matière se sont successivement développées et confondues, que le moindre souffle en peut dissiper les parcelles dans les airs, où celles-ci ne semblent pas même avoir le poids de la poussière qu'on voit tourbillonner dans les appartemens obscurs quand l'introduction de quelque rayon lumineux y rend visible ce qu'on nomme communément Poussière volante ou atmosphérique.

Cette Matière terreuse dont on conçoit le plus difficilement l'apparition dans l'eau exposée à la lumière ainsi qu'au contact de l'air, s'y trouve cependant suspendue à l'état de molécules si ténues, que ces molécules peuvent même n'en pas troubler la transparence, et qu'elles n'ont point encore le degré de pesanteur nécessaire pour tomber en sédiment. Il faut, pour que le dépôt en puisse avoir lieu, que la Matière muqueuse se soit d'abord dégagée du liquide pour former les enduits glaireux destinés à servir de milieu à toute organisation subséquente. Cet élément distrait de la masse, et dont la subs-

tance s'est agglomérée en vertu des affinités qui appellent les unes vers les autres toutes particules homogènes, les gaz s'étant échappés sous la forme vésiculaire, la Matière agissante cessant d'être enchaînée, ayant pris son volontaire essor, le poids de la Matière cristallisable et des molécules de la Matière terreuse, qui ne sont plus contraintes à flotter dans l'état de suspension où les tenait l'épaisseur du mélange, doivent nécessairement tomber. Le liquide, rendu à son plus grand état de simplicité par la soustraction des principes qui s'y trouvaient confondus, ne saurait plus tenir aucune molécule à l'état flottant, et des effets d'attraction, que rien ne saurait désormais entraver, agissent alors directement sur les parties inertes en leur imposant la nécessité de s'agglomérer, selon les affinités respectives de leurs particules élémentaires, pour se précipiter en vertu de leur pesanteur devenue suffisante.

Parmi les observations qui nous ont été faites sur la manière dont nous avions essayé précédemment de classer les modifications primitives de la Matière tendant vers l'organisation, il en est une surtout qui nécessite qu'on entre ici en explication. «Il existe, nous a-t-on objecté, une Matière qui semble être partout où l'air peut avoir accès. Le trou d'une serrure, les fentes d'une porte, suffisent pour son introduction dans les appartemens qu'on suppose être le plus hermétiquement fermés. Comment n'aurait-elle pas pénétré dans les vases où vous mettiez de l'eau en expérience! Son analyse a donné des produits animaux, de la Silice, de la Chaux, etc.; cette Matière volait dans l'espace et y était tenue suspensivement en particules tellement ténues, qu'échappant à nos regards, on peut supposer, qu'en s'introduisant dans vos infusions et dans l'eau soumise à vos recherches, elle y déposa les germes de tout ce que votre microscope vous rendit perceptible. » Mais ceci n'est point en contradiction avec le résultat de nos expériences. La poussière atmosphérique n'est-elle pas ce même Limon, à l'état de siccité, formé comme un dépôt au fond de nos vases, et composé de glomérules où tous les élémens de nos six modifications demeurent concrétés ? Limon que nous avons volatilisé nous-même dans les airs ? Par un enchaînement d'où résulte l'harmonie perpétuelle des créations, ce résidu de nos expériences ramené dans les eaux superficielles par les pluies ou par toute autre cause, y aura recommencé le cercle de ses reproductions. Ainsi, cette poussière qu'on nous oppose, parce qu'un journal d'Edimbourg raconte qu'on en avait, après plus d'un siècle de repos, trouvé quelques lignes d'épaisseur sur les archives poudreuses de l'Écosse, est au contraire une preuve en faveur de tout ce qui vient d'être établi. Pour nous en mieux convaicre, nous avons mis infuser dans de l'eau soigneusement distillée, et que nous avions fait bouillir avant de l'employer, un peu de cette poussière atmosphérique, et après l'y avoir dissoute par des secousses violentes, au point que la quantité mêlée ne troublait même pas la transparence du liquide, tous les phénomènes décrits ci-dessus se sont manifestés dans notre infusion, et ils l'ont fait avec beaucoup plus de rapidité que dans les vases où nous n'avions pas emprunté le secours de la poussière atmosphérique. En voyant combien cette poudre était féconde, confondu en admiration, nous avons reconnu par quelle profonde connaissance de la nature l'auteur de la Genèse était arrivé à nous représenter Dieu créateur tirant l'Homme de la poudre même de la terre, ainsi qu'il est écrit au septième verset du deuxième chapitre de ce livre, où les plus incrédules ne sauraient disconvenir que tout ce qui tient à la création, est rapporté avec la plus minutieuse exactitude et conformément à ce que nous enseigne l'étude bien entendue de l'Histoire Naturelle.

V. CRÉATION.

CONCLUSION ET FAITS GÉNÉRAUX.

Nous n'avons point, ainsi qu'on l'a établi au commencement de cet article, prétendu pénétrer dans l'essence de la Matière, déterminer ses espèces ou nous occuper de ses molécules, soit que l'on en conçoive la division à l'infini, soit qu'on s'arrête au système des atômes ou corpuscules insécables. Notre but n'était que d'indiquer les dispositions de formes les plus simples, sous lesquelles nous avons vu la Matière se présenter constamment vers ces limites de l'organisation dont le microscope nous facilite l'abord et qu'il est permis à l'observateur d'atteindre.

Nous avons reconnu six formes ou dispositions premières, au-delà desquelles tout ce qu'on croirait entrevoir pourrait n'être plus que supposition. Il en doit exister d'autres cependant, mais il faut être en garde contre le désir qu'on aurait d'en multiplier les espèces ; car entre ces six dispositions et ce qu'il ne nous est pas donné de mieux voir, ce qu'on prendrait pour des dispositions primitives échappées à nos recherches, serait peut-être des combinaisons des six formes qui viennent d'être décrites, compliquées les unes par les autres, et par l'introduction d'autres corps dont on ne distinguera probablement jamais la base moléculaire.

Ainsi, après notre Matière muqueuse, nous avions cru pouvoir spécifier une Matière gélatineuse, qu'une sorte de viscosité nous paraissait distinguer et caractériser, et qui, dans le desséchement, jaunissant d'une manière peu sensible, se fendille, s'il est permis d'employer cette expression, ou quelquefois semble présenter des rudimens fibreux. Nous avons reconnu depuis que cette gélatine primitive n'est qu'une complication de la Matière muqueuse par l'addition de Matière agissante sans le secours de la vésiculaire. Ainsi cette Matière muqueuse, qui n'est par elle-même ni animale ni végétale, ne serait toujours qu'un moyen rudimentaire d'organisation destiné à fournir un milieu aux premières opérations de l'organisation même.

Nous avions cru ensuite découvrir une Matière fibrillaire, analogue à ce qu'on appelle communément Fibrine, dans certains réseaux capillaires qui se forment également à travers l'épaisseur de la Matière muqueuse, par l'introduction de la Matière agissante ou même de la végétative. Nous avons senti plus tard qu'une telle disposition ne pouvait être que le résultat d'une organisation déjà très-compliquée, organisation dont l'admirable effet passe les limites de ce qu'il nous est permis de connaître, en vertu de laquelle la vie se régularise, soit qu'elle se développe avec toute son énergie dans les Animaux à mesure que les organes de ceux-ci se multiplient, soit qu'elle se borne dans les Végétaux aux effets résultans de plus simples modifications. En effet, les globules de la Matière agissante et les corpuscules de la végétative ont une singulière tendance à la cohésion moniliforme, quand ils approchent du dessèchement dans leur état de liberté ou d'individualité parfaite, c'est-à-dire lorsque nulle matière muqueuse ne les englobe, ou que la cristallisable ne les excite pas. Cette tendance à se réunir en séries, imitant des colliers de perles, se retrouve dans toute disposition globuleuse, et semble s'accroître à mesure que les globules s'élèvent dans l'échelle de l'organisation. Müller l'avait fort bien reconnue dans la figure qu'il donne de son *Monas Lens* (*Inf.*, pl. 1, fig. 11, A) et qui se trouve reproduite dans l'Encyclopédie Méthodique (Vers, pl. 1, fig. 5, C). Gleichen l'avait observée dans l'Animalcule qu'il appelle *Jeu de la nature* (pl. 17, D. M. et G. 1); nous l'avons remarquée chez tous les Animalcules ronds, qu'on voit souvent dans les observations microscopiques se disposer, avant de mourir par évaporation, les uns à la suite des autres. Les globules dont se composent nos

Pectoralins que Müller plaçait si mal à propos dans son genre *Gonium*, affectent souvent la même disposition avant de former l'étrange figure laminaire sous laquelle ils exercent une vie commune. On dirait, en voyant de pareils Animaux dans leur disposition moniliforme, les filamens en chapelet dont les Nostocs sont remplis, et dont se forment nos Anabaines. La ressemblance est telle que, dans les infusions des Nostocs où ces filamens s'étaient en partie détruits ou disjoints, en même temps que le *Monas Lens* s'y était développé, il nous eût été impossible de distinguer les débris des Nostocs des *Monas*, si ces derniers, venant de temps en temps à se séparer en s'agitant, n'eussent recouvré ces mouvemens volontaires qui sont les preuves de leur animalité. De pareils faits, imparfaitement observés par quelques naturalistes avant nous, ont sans doute donné lieu à l'idée de la vitalité animale des Nostocs et même des Trémelles, qui ne sont néanmoins que de simples Végétaux. Ces faits justifient en quelque sorte certains observateurs d'avoir imaginé que des Animalcules, se réunissant pour former des Plantes, redevenaient ensuite Animalcules libres, *et vice versâ*. *V.* NÉMAZOAIRES.

Sans oser assigner de bornes à la puissance créatrice, nous croyons que de telles transmutations ne sauraient être possibles dans un ensemble régulièrement soumis à l'unité de composition. La nature ne devint féconde qu'en vertu des lois qui contraignaient la Matière à s'organiser sous telles ou telles formes primitives nécessairement très-simples, et, par leur simplicité même, aptes à devenir les bases de corps de plus en plus composés, au moyen des additions d'organes calculés d'après les mêmes règles de possibilité. Si cette unité de plan dans toutes les additions n'eût pas été commandée par des antécédens, c'est alors seulement qu'on eût pu concevoir de ces métamorphoses du tout au tout, et par lesquelles des corps existant en vertu des complications indicatrices d'une organisation déjà complète, se fussent amalgamés pour former des êtres nouveaux et différens ; autant vaudrait croire, en trouvant un Coléoptère chargé d'Uropodes ou quelque autre Animal couvert d'Insectes qui en sont les parasites, que le Coléoptère et l'Animal tourmenté par ces hôtes incommodes, ne sont qu'une agrégation d'Animaux plus petits. On a d'abord, comme nous et comme tout le monde peut le faire, rendu à la molécule agissante son individualité, et ensuite dans chaque individu l'on a imaginé un Animal complet ; dès-lors tout Animalcule infusoire, globuleux ou ovale, quelles que fussent sa taille et ses habitudes, a été légèrement regardé comme une molécule émanée des Trémelles, des amas de Bacillariées, des Arthrodiées, ou des Conferves mises en expérience, et l'on a supposé des transmutations auxquelles il a fallu donner un nom nouveau. Il valait mieux s'arrêter au point où l'on avait perdu la trace de la vérité que de hasarder légèrement des conjectures qui ne se réaliseront pas. Nous insistons sur ce point, parce qu'on a dit, lorsque nous donnâmes lecture à l'Académie des sciences du résultat de nos observations sur les Arthrodiées, que ces observations n'étaient que celles de Girod-Chantrans. Il faut que les personnes qui ont émis cette opinion n'aient pas pris la peine de lire l'ouvrage où Girod-Chantrans exposa des idées singulières qui n'ont de rapport qu'avec celles d'Anaxagore et les homéoméries de l'antiquité. Nous n'avons découvert nulle part d'Animaux se groupant pour former des Plantes, de Plantes se divisant pour devenir des Animaux, et surtout nous n'avons jamais parlé d'Animaux qui, en se divisant, produisissent des Animaux d'une autre espèce que la leur.

Les rosaces de globules animés que nous avons vues sortir de nos Antophyses, et que Müller avait reconnues avant nous sur son *Volvox vegetans* (*Inf.*, p. 22, tab. III, fig. 22,

25) ; plusieurs Microscopiques qui, composés de globules doués d'une vie collective, dès qu'ils se sont agglomérés (nos Uvelles, nos Pandorines et nos Pectoralins), s'éparpillent quelquefois en molécules simples qui continuent d'agir ; le *Volvox globator* enfin, qui s'évanouit en émettant tous les globules vivans dont il semble n'être qu'un amas, sont conséquemment composés de corpuscules qui peuvent jouir d'une vie individuelle quand leur disjonction est opérée ; mais il ne résulte pas des Animaux nouveaux et différens, de leurs parcelles dispersées. Ces parcelles seraient à l'être dont elles se séparèrent, ce que l'œuf est aux Animaux plus avancés dans l'échelle de l'organisation, ou ce que la graine est à la Plante, si l'œuf et la graine n'étaient inertes ; elles sont les causes déterminantes d'une nouvelle collection de molécules vivantes qui s'y devront développer, et qui existent dans leur petitesse. La moindre particule d'un *Volvox globator* échappée de l'épaisseur de l'Animal, n'est pas un *Monas*, malgré l'analogie d'aspect ; il n'est pas à la vérité encore un *Volvox globator*, mais il en est la forme rudimentaire ou fœtale, comme l'œuf n'est pas un Oiseau, ni le gland un Chêne, quoique n'étant pas d'une autre espèce que le Chêne ou que l'Oiseau.

Il arrive dans nos Arthrodiées, bornées à la condition végétale, durant la plus grande partie de leur existence, que les propagules intérieurement développés, véritables semences, tant qu'ils demeurent contenus dans les tubes qui leur servent comme de capsules, jouissent d'une vie aussi complète que celle des Microscopiques les plus agissans, dès qu'ils sont émis ; cependant il n'y a pas, dans leur changement d'existence, de métamorphose de Plante en Animal, il n'y a tout au plus qu'un Végétal dont la semence est vivante ; ce qui après tout n'est pas plus singulier que de voir entre la mère et les petits d'Ovipares bien caractérisés, tels que l'Autruche ou la Tortue, l'œuf inerte et non vivant, selon le sens qu'on attache au mot *vivre*, préparer deux modes de vies des mieux développées. C'est là le seul passage réel, et conséquemment possible d'un règne à l'autre. A le bien considérer, le fait n'est peut-être pas encore si extraordinaire que ce qui arrive au Chêne, quand cet arbre passe par l'état de gland, pour se reproduire, ou que ce qui se passe dans la Chenille qui, pour devenir Papillon, a végété sous l'enveloppe léthargique d'une Chrysalide inerte, sans jamais avoir cessé d'être un Insecte.

Quoi qu'il en soit, cette tendance à la disposition en chapelet qu'affectent les globules dont se compose la Matière agissante, et qui pousse les Animalcules globuleux à se coordonner en séries moniliformes, se perpétue jusque dans les globules dont plusieurs fluides animaux sont remplis; ainsi ceux du sang, par exemple, éprouvent souvent cette tendance; et lorsque ce sang se dessèche sur le porte-objet du microscope, ses globules d'abord flottans dans un fluide lymphatique muqueux, affectent pour la plupart une disposition sériale : de-là sans doute l'origine des vaisseaux, et cette fibrine qu'il est bien difficile de regarder comme une forme primitive, puisqu'elle n'apparaît qu'où des globules déjà d'organisation compliquée se sont groupés sérialement les uns aux autres.

Les corpuscules de la Matière végétative qui paraissent être ovalaires dès qu'ils deviennent perceptibles, se disposent aussi en séries : de-là ces apparences de fragmens filamenteux qui se produisent dans les observations qu'on fait sur la Matière verte. Ces fragmens filamenteux, composés de trois, six ou dix articles, plus ou moins, sont tellement semblables à des Anabaines ou bien à des filamens de la Conferve improprement appelée par les algologues *Oscillatoria muralis*, que soumis ensemble et comparativement au microscope, ils ne sauraient être que

difficilement distingués les uns des autres même par l'observateur le plus exercé.

La tendance à la disposition moniliforme, nous n'en disconvenons pas, peut être le premier effet de l'une des lois qui, lorsque la Matière agissante ou la végétative viennent à se manifester, contribuent le plus à développer et à compléter l'organisation ; mais ces premiers résultats fibrillaires ne doivent pas être plus considérés comme une forme primitive, que les agrégats de la Matière cristallisable ou de la terreuse; il est possible qu'en se disposant à la suite les uns des autres, les globules vivans ou végétatifs obéissant à des lois inconnues de polarité, soient contraints à devenir captifs, suivant une subordination irrésistible pour former les vaisseaux destinés à faciliter la circulation des fluides nécessaires dans toute existence perfectionnée ; mais comme il nous a été impossible d'approfondir ce fait, nous nous arrêtons, selon notre coutume, au point où les moyens de certitude nous ont manqué.

Dans le cas où l'on n'admettrait point que la vie doive résulter de la complication, les unes par les autres, des formes primitives de la Matière, telles que nous les concevons, nous nous bornerons à donner, d'après le savant Cuvier, la définition de ce qu'est la vie. « Si pour nous faire une juste idée de son essence, nous dit ce naturaliste philosophe, nous la considérons dans les êtres où les effets sont les plus simples, nous nous apercevrons promptement qu'elle consiste dans la faculté qu'ont certaines combinaisons corporelles de durer pendant un temps et sous une forme déterminée, en attirant sans cesse dans leur composition une partie des substances environnantes, et en rendant aux élémens des portions de leur substance. La vie est donc un tourbillon plus ou moins rapide, plus ou moins compliqué, dont la direction est constante et qui entraîne toujours les molécules de mêmes sortes, mais où les molécules individuelles entrent et d'où elles sortent continuellement, de manière que la *forme* du corps vivant lui est plus essentielle que sa *matière*. Tant que le mouvement subsiste, le corps où il s'exerce est *vivant; il vit*. Lorsque le mouvement s'arrête sans retour, le corps *meurt*. Après la mort, les élémens qui le composent, livrés aux affinités chimiques ordinaires, ne tardent point à se séparer, d'où résulte plus ou moins promptement la dissolution du corps qui a été vivant. C'était donc par le mouvement vital que la dissolution était arrêtée, et que les élémens du corps étaient momentanément réunis. Tous les corps vivans meurent après un temps dont la limite extrême se trouve déterminée par des conditions spécifiques, et la mort paraît être un effet nécessaire de la vie qui, par son action même, altère insensiblement la structure du corps où elle s'exerce, de manière à y rendre sa continuation impossible.» On voit que le profond physiologiste dont nous empruntons ce passage ne place pas le principe de ce qu'il a si bien défini hors de la nature. Cuvier le trouve dans la nature même des combinaisons corporelles qui attirent sans cesse une partie des substances environnantes, c'est-à-dire les diverses espèces de Matière qui, lorsque le corps meurt, retournent à leur état primitif élémentaire, en se séparant pour se réunir de nouveau en d'autres combinaisons, selon qu'elles sont livrées aux affinités chimiques, lois inflexibles, et de l'impérieuse force desquelles résulte, dans l'existence des êtres, soit qu'ils se forment, et se développent, soit qu'ils dépérissent, qu'ils meurent et qu'ils se dissolvent, ce tourbillon dans lequel Cuvier reconnaît la vie avec ses causes et ses conséquences nécessaires.

Mais sous ce point de vue, pris de si haut qu'on y embrasse à la fois la cause et l'effet, il faut bien reconnaître que les principes matériels n'augmentent ni ne diminuent. Ils ne sauraient, quelle que soit la puissance de ce qu'on pourrait appeler leur métempsycose, éprouver la moindre déperdition ou le plus léger accroissement, sans que l'ordre de la nature éprouvât une perturbation notoire. L'admission d'une molécule de Matière, ou sa soustraction dans cet ordre général, ne se peut concevoir sans qu'aussitôt l'idée contradictoire de désordre ne se présente à l'esprit ; car la Matière ajoutée ou soustraite serait comme un son de plus ou de moins dans l'harmonie, comme une valeur de plus ou de moins dans le calcul, termes qui changeraient nécessairement les rapports du calcul et de l'harmonie. Il est donc évident que, dès le commencement, la quantité de Matière qui servit de base à la création, était la même qu'aujourd'hui ; les molécules de chacune des espèces de Matière élémentaire, mises en mouvement selon les lois qui les régissent, purent, en se mêlant les unes aux autres, selon leurs affinités spécifiques, prendre diverses apparences, et s'unir sous une multitude de formes qui déguisaient quelques-unes de leurs propriétés ; mais elles n'en demeurèrent pas moins *sui generis*, et peuvent encore maintenant, selon qu'elles s'agglomèrent dans les corps, ou s'en délivrent, contribuer à une multitude d'existences diverses, à travers lesquelles ces molécules demeurent inaltérables quant à leur nature et à la quantité.

La Matière, considérée de la sorte, cesse d'appartenir au domaine du naturaliste qui ne s'en doit occuper que sous le rapport des modifications qu'y produisent les *formes*. La chimie avait déjà entrevu, par ses propriétés, la première de ces formes que nous regardons comme primitives ; quelques physiciens avaient distingué la seconde sans s'occuper des conséquences qu'on pouvait tirer de son développement ; Buffon avait deviné la troisième ; Priestley découvert la quatrième ; Linné, Romé de Lisle et Haüy indiqué ou saisi les lois en vertu desquelles se juxtaposent les molécules de la cinquième ; l'antiquité enfin avait supposé l'existence de la dernière. On en conclura probablement que rien n'est nouveau dans ce qui vient d'être dit ; ce n'est pas du nouveau non plus que nous avons prétendu exposer, mais simplement ce que nous avons constaté, sans prétendre en tirer aucun argument pour attaquer ou fortifier certaines idées ni pour nous ériger en novateur. Nous avons exposé des faits dont tout le monde peut, avec un peu d'habitude, vérifier l'exactitude : aucun de ces faits ne tend à détruire le respect dû à la puissance incompréhensible qui dut présider à la Création. Ce que nous avons rapporté peut, à la vérité, paraître en opposition avec des systèmes qu'on aurait pu se former d'après le texte mal compris de traditions adoptées sans examen ; mais si l'on veut y réfléchir de bonne foi, sans passions et sans préjugés, on se convaincra aisément qu'on y pourrait trouver, au contraire, des argumens solides en faveur de ce que les ennemis de tout ce qui s'écarte de la routine des siècles d'ignorance, ne manqueront pas denous accuser d'avoir témérairement attaqué.

Quelques personnes auraient désiré que, pour ajouter à nos expériences un degré de certitude irréfragable, nous en eussions fait quelques-unes dans le vide, et que nous eussions chaque fois acquis préalablement la certitude que l'eau, dans laquelle se produisaient nos six formes primitives, ne contenait rigoureusement rien que de l'eau. Nous répondrons à ceci, que nous n'avons pas entendu prouver, par ce qui vient d'être exposé, qu'on pût faire quoi que ce soit de rien. Convaincu comme nous le sommes que la sagesse admirable, par qui furent établies les lois organisatrices de la création, n'employa pas le *Néant* comme base de ses innombrables œuvres ; nous n'avons pas prétendu trouver plus que cette sagesse même le *Néant* fécond. Nous avons soumis à nos recherches seulement des corps très-simples parce que nous avions la conscience qu'au fond de leur simplicité même existaient d'inépuisables sources de merveilles, mais rien qui fût impossible.

FIN.